中公新書 2572

竹下大学著

日本の品種はすごい

うまい植物をめぐる物語

中央公論新社刊

はじめに

「うまいもんはどこにある？」

口には出さなくても、わたしたちの心の奥底にある共通の思いだろう。それだけではない。生産、流通、販売にかかわるプロがよく口にするフレーズでもある。多少食にこだわりのある人ならば、うまいもの探しはもはや習慣になっているに違いない。

これが農作物の場合には、「うまい品種はどこにある？」に変わる。

品種とは「コシヒカリ」や「男爵薯《だんしゃくいも》」、「ふじ」等をさす。もちろん、イネやジャガイモ、リンゴに限った話ではなく、野菜売り場で品種名が表示されることなどないダイコンやキャベツ、タマネギだって、それぞれ自分の名前を持っている。その数はいったいどのぐらいだと思われるだろうか。

実際に、日本国内だけでも、各野菜や果物には、それぞれ一〇〇を軽く超える品種が流通しているのだ。

世の中には誰もがその名を知る品種もあれば、ごく一部の人が知るにすぎない品種もある。また、歴史に長く名を刻み、いまなおどこでも見かける品種もあれば、もはや入手困難な幻の品種もある。

さらに、日本で改良され生産量日本一を誇るリンゴの品種が、じつは世界でも生産量一位だったりするし、和食の匠《たくみ》たちがこぞって使いたがるワサビの品種は、紀伊《きい》半島の山奥で発見された株そのものであったりする。また、ダイコンはヨーロッパ原産なのに、世界最大の品種も世界最長の品種もどちらも日本で育成されたものだ。

これらの品種がその名を皆に口にしてもらえるようになるまでの経緯は、ドラマチックの一言である。ゴミ捨て場で芽を出したところを少年に拾われて日本一にまでなったナシの品種や、天災を味方につけた品種もあれば、専門家に否定されたのに最後には誰からも愛されるようになった品種もある。後者は「コシヒカリ」を筆頭として数多い。このように農作物の世界にも、様々なシンデレラストーリーがある。

一方で、一世を風靡《ふうび》したにもかかわらず人々に忘れられ、記憶だけでなく地球上から消え去った品種も、また無数に存在するのだ。

本書の主人公は植物だが、これらのドラマには生産者をはじめとして多くの人間が登場する。なかでもブリーダーあるいは育種家と呼ばれる、品種の生みの親を抜きに語ることはできない。彼らは世界各地で自身の成功と人類の豊かな暮らしを夢見て日々植物と向き合う、職人気質《かたぎ》の自然科学者である。

だがその仕事は新人タレントの発掘（新品種の育成）にとどまらない。見出した才能を磨き上げて世に届けるためには、販売までのすべてに首を突っ込む覚悟も求められる。新品種そのものの力ではなく、最終的にはトータルマーケティング力の差が勝敗を分けるからだ。事業としての成功を目指すのであれば、ブリーダーは時に辣腕《らつわん》プロデューサーと言われるぐらいがちょうどよい。

さて、本書では日本人にとってなじみ深い七つの食用植物を採り上げ、うまい品種の歴史をわかりやすくひもといた。有名どころの品種から初耳の品種までをおりまぜて、それらの普及にかかわった人物や企業のエピソードとともに紹介する。

本書に触れることで、店頭の野菜たち果物たちが新たな感慨を呼び起こす存在になるとしたら本望だ。

日本の品種はすごい・目次

第6章　ダイコン——遺伝学者の想像を超えた品種たち

序章　ブリーダーの特殊技能

ブリーダーあるいは育種家と呼ばれる者たちがいる。

生物を改良するこの仕事は、一部の趣味家を除き日本ではあまり話題にされない。ところが欧米では、農業界のイノベーターとして認知され、他人様《ひとさま》から羨ましがられる憧れの職業のひとつである。

動物であればウシやブタ、ニワトリなどの家畜の品種改良が、彼らの仕事である。イヌやネコのペットのほうがもっとなじみ深いかもしれない。いずれも野生生物を、人類の暮らしに役立つように品種改良してきた成果だ。

そうそう、育種を語る際には「サラブレッド」を忘れるわけにはいかない。

生きた芸術品「サラブレッド」は、一七世紀から一八世紀にかけてイギリスで作り出されたウマの品種である。時の国王チャールズ二世が大の競馬好きだったことから、中近東や北アフリカで改良された「アラブ」を中心に、イギリスの在来馬を交配することで、競走馬としての改良が一気に進んだ。「サラブレッド」は英語でThoroughbredと綴《つづ》る。この単語を二つに分解すると、こう名づけられた理由がよくわかる。thorough＋bred、すなわち「完璧に」＋「育種された」という意味そのものなのだから。

ブリーダーと聞くと、対象が動物であるイメージが強いかもしれないが、実際には植物のブリーダーのほうがずっと大勢いる。人類の食に欠かすことができない、ムギ、イネ、トウモロコシの世界三大作物はもちろんのこと、イモ類、野菜、果樹、それから花、材木や紙の原料となる樹木にすら、育種を生業とするブリーダーが存在するためである。

育種ビジネスにおける勝利の方程式

育種には二つの方向性がある。ひとつは人々の生活を豊かにすることを目的とした改良、もうひとつは自分の好みを追求する改良だ。前者は産業の発展を支えるビジネスであり、後者は趣味にとどまることが多い。本書では前者の物語を紹介する。

かく言うわたしも育種家の一人である。二〇〇四年、北米の園芸産業の発展に貢献した品種を育成したブリーダーを表彰するThe All-America Selections Breeders' Cupの初代受賞者に、わたしは世界からただ一人選ばれてしまった。個人での受賞となったものの、当然チームで勝ち得た成果である。経験の蓄積が絶対的に有利に働く世界で、なぜ素人集団が市場を一変させる品種を次々と商品化し続けられたのか。その理由は、いつの頃からかチーム全員の行動を促していたフレーズにあったとしか考えられない。

「早い」「安い」「うまい」

最後の「うまい」はライバルが悔しがるような上手さを意味しており、本家吉野家のキャッチコピーとは異なる。誰よりも短期間で、誰よりも低コストで、誰よりもエレガントに新品種を育成する。ないないづくしの開発体制下で幸運を引き寄せ快挙を成し遂げた裏側には、消費者の潜在ニーズを満たすために業界常識を覆そうとする自分たちを後押ししてくれる言葉の力があった。

ブリーダーの醍醐味

ブリーダーの醍醐味《だいごみ》とは何だろうか。

これまでの経験を通じてわたしは、植物のブリーダーはタイムマシンを使える特別な仕事だと考えるようになった。なぜなら、まるで『ドラえもん』ののび太の机の引き出しのように、自分の温室や畑の中で進化の時計を操れてしまうためだ。

自然界では何千年、何万年もの時間をかけなければ起こり得ない生物の変化を、ものによっては一〇年にも満たない期間で実現してしまう。これぞブリーダーならではの特殊技能、他の職業では決して味わえない役得だと言い切れる。

もちろんブリーダーは未来だけでなく、過去の世界に行くこともできる。こちらは未来に行くよりもずっと楽である。

まずは、いまある品種とその祖先となった野生種とを交配して雑種を作る。そして子であるその雑種からタネを採り、孫の世代とひ孫の世代を大量に育てさえすればよい。千姿万態《せんしばんたい》、種々雑多、孫、ひ孫の世代ではさまざまな性質をもった個体がバラエティ豊かに育ち、過去から現在に至るまでの進化のプロセスを、実物を前にして検証できるようになる。

とはいえ過去の行きたい時代に行けたとしても、そこで現代社会に持ち帰って大儲《おおもう》けできるような何かを見つけられるかといえば、なかなか難しい。かといって無駄な試みに終わることなどありえない。人類が脈々と蓄積してきた学びを自ら実体験できるわけだし、すでに失われた、とある時代の失敗作が現在や未来のニーズに合致している可能性は、誰にも否定できないのだから。

そもそもプロのブリーダーの使命は、生物の潜在能力を引き出して新たな価値を提供する品種を生み出し、世の中のニーズに応えることである。趣味の育種とは異なり、珍しさや自分の好みだけを追求しているわけではない。腕利きのブリーダーであればあるほど、無駄を恐れず現在と過去とを自在に行き来し、人知れず将来の成功確率を高めているものだ。

狙い通りに品種を作り出し、それがベストセラーになったとき、ブリーダーは全能感に満たされる。生物を進化させてしまう以上、こうなるのはしかたがない。

だが、滅多にないこのような品種とのめぐりあいよりも、自分が予想だにしない形でヒットした品種との出会いのほうが、ブリーダーの力量を高めてくれる。なぜなら、生みの親にもかかわらず品種の能力を見極められなかったという事実と向き合うと、自らを見つめ直すしかなくなるからだ。

思うにブリーダー側の潜在能力は、志の大きさ、好奇心の強さ、育種対象への謙虚さで測れるはずである。

三人のレジェンド

「分類学の父」リンネ以降に盛んになった植物育種は、「遺伝学の祖」メンデルによって法則性が明らかにされ、「植物の魔術師」バーバンクによって産業化された。

神の創造物である生物には秩序があるに違いないと考えたリンネは、生物の分類法の基礎を築いた。すべての生物が種《しゅ》、属《ぞく》、科《か》、目《もく》、綱《こう》、門《もん》、界《かい》の階級（階層）で整理できるようになったのは、リンネのおかげである。リンネが発明した二名法《にめいほう》による名称は、世界共通の学名として使われている。実例をひとつ示すと、ヒトの学名 ***Homo sapiens* L.** の、***Homo*** は属名、***sapiens*** は種小名である。最後の **L.** は命名者であるリンネの頭文字だ。

中学の生物で習ったように、メンデルの三法則は生物の遺伝の仕組みを単純明快に解き明かしてくれる。「優性の法則」、「分離の法則」、「独立の法則」、いずれもがいまだにブリーダーにとっての必須ツールとして、日々使われている。

アメリカのバーバンクは、ダーウィンの進化論に影響を受けて育種の無限の可能性を確信し、ありとあらゆる植物の品種改良に取り組んだ最初の人物である。バーバンクが「魔術師」と称されたのは、育成品種の数と品質の両面で当時の人の想像をはるかに超えた成果を残したからだ。

現代のブリーダーは全員が全員、これら三人のレジェンドが切り拓《ひら》いた新世界で働かせてもらっているちっぽけな存在である。だがわれわれだって、他の業界の研究者や開発者と同様、組織の存続と己《おのれ》のプライドをかけた戦いの最前線で身体《からだ》を張っている。体力戦に消耗戦、頭脳戦に神経戦、さらにはゲリラ戦にスパイ戦が繰り返される日常の中で、全精力を育種に傾けているのだ。

学問の領域を一歩飛び出し、商業育種の世界に足を踏み入れれば、そこは未開の地。メンデルの法則が役に立たず、それこそ道なき道を手がかりもなく進むしかない場面も多い。特に市場規模の小さな植物種では、公の研究機関で遺伝様式の研究がほとんど行われていない。つまり組織と個人が積み重ねた経験のみが、道しるべとなるわけだ。もちろんこれは最高機密であるから、外部にその情報が漏れることは滅多にない。したがってどのブリーダーがもっとも有利なポジションにいるかは、誰ひとりとして知り得ないのである。

嬉《うれ》しいことに、総じて日本人ブリーダーのレベルは世界的に高いという評価を得ている。わたしもまた会社員として商業育種を一から立ち上げ、会社が新規参入したアグリバイオビジネスの中で随一の高収益事業に育つまでのすべてを、運よく経験できた。ないないづくしの孤独の中でもっとも助けになったのは、身内以上に新品種の価値を認めてくれる生産者の存在と、様々な品種改良の歴史に学ぶことであった。幾度となくくじけそうになったときに決まって背中を押してくれたのは、農業史に登場する先人の志と知恵と勇気。これに尽きる。

いまでこそ専門職の座を手にしたブリーダーだが、品種改良が職業として成り立つようになる近代以前は、タネや苗《なえ》を増やしながら生産者がその役割を果たしてきた。

それでは、日本における植物育種の歴史物語を紹介していくことにしよう。

"The plant breeder is an explorer into the infinite."　Luther Burbank

「育種家は無限界に侵入する探検家である」　ルーサー・バーバンク

第1章　ジャガイモ――次々現れる敵との激闘の数々

芋、薯、藷。イモを表す漢字はいくつかある。イモの種類で使い分けると、里芋《さといも》、山芋《やまいも》、薩摩芋《さつまいも》、唐芋《からいも》、自然薯《じねんじょ》、馬鈴薯《ばれいしょ》、甘藷《かんしょ》といった具合だ。

イモの前につく漢字から想像がつくように、古来日本ではずっと、一番身近なイモといったらサトイモであった。古来とは、サトイモが日本に入ってきた縄文時代後期からをさす。

それがいまでは、イモ類の代表といえばジャガイモばかりに票が集まり、サトイモをあげる人はごくわずかに違いない。それは数字を見ても明らかである。

二〇一八年度（平成三十年度）の国内収穫量は、ジャガイモ二二五万九〇〇〇トンに対して、サツマイモは七九万六五〇〇トン、サトイモとヤマノイモにいたっては、それぞれ一四万四八〇〇トン、一五万七四〇〇トンで大きく差をつけられている。じつにジャガイモは、サツマイモの二・八倍、サトイモの一五・六倍も生産されているのである（農林水産省作物統計）。

これが、いまから遡ることおよそ一五〇年前、明治維新直後はまったく様子が異なっていた。

一八七四年（明治七年）産のジャガイモ、サツマイモ、サトイモを比較できる資料がある。内務省勧業寮が編纂《へんさん》した『明治七年府県物産表』を覗《のぞ》いてみよう。収穫量の記録が残されていないため、生産額での比較になってしまうが、ジャガイモはサツマイモの三・八％、サトイモの五・六％にすぎなかった。

アーリーローズが変えた味

北海道のジャガイモ生産量は国内生産量の約七七％を占めるほどであるから、ジャガイモ王国の称号に恥じない。道内のジャガイモ畑の総面積は約五万八〇〇〇ヘクタールを誇り（平成三十年産野菜生産出荷統計）、屋久島《やくしま》よりも約三〇〇ヘクタール広い。それが六月下旬から七月下旬にかけては広大なお花畑に変わり、道内観光の目玉になる。

大正時代に北海道でもっとも多く生産された品種は「アーリーローズ」といい、一九五五年（昭和三十年）まで五〇年間も北海道が定める優良品種であり続けた。

「アーリーローズ」は、アメリカ・バーモント州ハバートンの農家アルバート・ブレシーによって育成された。ブレシーが「ガーネットチリ」のタネを播《ま》いて育った個体の中から、一八六一年に選抜したものである。「アーリーローズ」は瞬く間に広がり、一八七〇年代には、アメリカでもっとも有名な品種となった。

「アーリーローズ」がこれほどまでに早く受け入れられたのには、わけがある。

世界初のうまくて儲かる品種だったからなのだ。言い換えると、それまでは栽培しやすくて多収《たしゅう》の品種はまずくて当たり前であった。「丈夫」、「多収」に、「早生《わせ》」と「うまい」が加わった、当時の水準ではパーフェクトな新品種として、「アーリーローズ」は大歓迎されたのである。早く収穫できる早生性は、他の品種よりも高値がつく可能性が高いことを意味する。

ブレシーが自分で改良した品種の種イモを独占的に売って大儲けしたのを契機に、バーモント州では一八六〇年代から一八九〇年にかけて、一攫千金《いっかくせんきん》を夢見て農家や育種家が新品種開発を競い、八〇もの品種が生産されていた記録がある。バーモント州のジャガイモフィーバーは、カリフォルニア州とコロラド州のゴールドラッシュが過ぎ去った全米中の注目を集めたほどだ。後に「バーバンクポテト」が登場するまで、「アーリーローズ」はアメリカでもっとも多く生産される品種であり続けた。

マックフライポテト専用品種ラセットバーバンク

まずはフライドポテトの歴史について触れておきたい。その発祥地ははっきりしておらず、一八世紀半ば、ベルギー南部だとする説とベルギーとフランスの国境付近で両国同時にとする説とがある。ただし、細長い棒状にカットして揚げるいまの姿になったのはフランスでだったようである。もうひとつ知っておきたいのは、フライドポテトが和製英語だということ。アメリカでは「フレンチフライ」か「フライ」と頼まないと、求めるフライドポテトにはすんなりありつけない。

さて、マクドナルドは世界中で販売するフレンチフライ用に、毎年一五〇万トンものジャガイモを購入している。こう切り出されてもどの程度の規模か想像できない方のために、日本のジャガイモ出荷量を示しておこう。

出荷量は約一九〇万トンである（平成三十年産野菜生産出荷統計）。このうち、カルビーの使用量は約二七万トン、国内生産量の一割を超えていることも付け加えておく。収穫量約二二六万トンとの差の多くは、イモとして流通せずにデンプンに加工された量を意味する。

だが残念ながら、日本のマクドナルドで売られているマックフライポテトは、日本産のジャガイモで作られているわけではない。原料は全量をアメリカから冷凍で輸入しているのだ。そして先ほどの一五〇万トンのうちのじつに約九割が、日本ではまったくなじみのない「ラセットバーバンク」という品種なのである（日本では植物防疫《ぼうえき》法により、生のジャガイモが輸入されて店頭に並ぶことは原則ない。つまり青果用の生のジャガイモはすべて日本産である）。

ところでマックフライポテトは、長いものでは何センチメートルぐらいあるかをご存じだろうか。日本のマクドナルドでは一二センチメートル程度のものには簡単にお目にかかれるし、アメリカのマクドナルドではこれ以上の長さもざらである。「男爵薯」や「メークイン」では実現不可能な長さだ。

したがってこれほどの長さのフレンチフライを作るとなると、それ相応の巨大なジャガイモが必要となる。これはサツマイモ並み、長さ二〇センチメートルを超えるイモが採れる「ラセットバーバンク」だからこそ可能となる芸当なのである。

長さの問題だけではない。日本の両エース品種を使うと、重大な問題を起こしてしまうのだ。特にフレンチフライ用とポテトチップス用の品種には、糖分が少ないことが求められている。糖分は加熱によって化学反応を起こし、茶色く変色する。したがって、もし「男爵薯」や「メークイン」のような普通の青果用品種と同じ糖分含量だったりすると、あの見るからにおいしそうな、薄く均一な揚げ色を再現できないばかりか黒いこげ色がついてしまい、品質問題が多発するのである。

図表１　ラセットバーバンク

この点も加味してマクドナルドでは、「ラセットバーバンク」を起用し続けているというわけだ。ちなみに、ライバルであるロッテリアのフレンチフライポテトも、ほとんどが「ラセットバーバンク」である。

さらに補足するならば、乾燥粉末ジャガイモでつくる成型ポテトチップスの「プリングルズ」と「ポテトチップスクリスプ」も、ともに原料が「ラセットバーバンク」であることを売りにしているほどだ。

たかがジャガイモというなかれ。フレンチフライやポテテトチップスは一例であり、他にも煮物用、サラダ用、飼料《しりょう》用、デンプン用等々、明確な目標を掲げたうえでジャガイモは品種改良されているのである。

ラセットバーバンクの登場

「ラセットバーバンク」はアメリカにおいて、日本の「男爵薯」を超える存在である。二〇世紀半ばに生産量ナンバーワン品種となって以来、いまもその座を維持し続けている。

「ラセットバーバンク」は一九一四年に、コロラド州デンバーの生産者ロウ・スウィートの畑で偶然発見された。偶然と記したのは、意図的に改良されたわけではなく、当時の大ヒット品種「バーバンクポテト」の植物体の一部が突然変異を起こし、「バーバンクポテト」と異なる特性を持つようになったものだからである。

どこがどう違うのかといえば、皮がラセットに変化した点にある。ラセット（russet）は、赤茶色を意味し、薄茶色の「バーバンクポテト」の皮が赤茶色に変わった品種だということになる。もちろん、ただ色が変わっただけで改良品種と呼ぶのはおこがましい。皮が厚くなったことで傷つきにくくなり、輸送しやすくなったのである。これには、「バーバンクポテト」の育成者自身が、理想的な改良であるとお墨付きを与えたほどであった。

これほど優れた品種であるから、「ラセットバーバンク」は当然日本にも導入された。ところが日本ではまったく普及せずに終わった。「ラセットバーバンク」の厚くざらざらした皮が、つるつるすべすべの皮の品種を好む日本市場では嫌われたためだ。そして何よりも、アメリカとの栽培環境の違いによって、日本では収量が上がらなかったのである。

図表2　左からエジソン、バーバンク、フォード

植物の魔術師ルーサー・バーバンク

「ラセットバーバンク」のもととなった「バーバンクポテト」を生み出したのが、のちに植物の魔術師と呼ばれるようになるルーサー・バーバンクである。バーバンクは、人類の繁栄を目的として、大がかりに植物の品種改良に取り組んだ歴史上初の人物。かつてはトーマス・エジソン、ヘンリー・フォードと並んで、アメリカの三大発明家と称《たた》えられたほどの男なのである。

　バーバンクはありとあらゆる植物を育種し、生涯育成した品種数は八〇〇とも一〇〇〇ともいわれる。将来の人口爆発や砂漠化進行による食料不足を予想し、トゲなしの食用サボテンまでも作り出していた。

すべてはバーバンクポテトの成功から始まった

ここからは、ルーサー・バーバンクと「バーバンクポテト」の物語を紹介したい。

バーバンクは一八四九年、マサチューセッツ州ランカスターに、農業と陶器製造で成功を収めた一家の一三番目の子供として生まれ、二十一歳で狭いながらも自分の土地を手に入れ農場経営に乗り出した。

それにしてもわずか十三歳で当時の主力品種から採ったタネを播き、改良に挑んでいたというのだから恐れ入る。赤ん坊のころから生き物に強い興味を示していたバーバンクは、タネから育てた個体が、タネを採った親とは異なる姿になることがある面白さに、気づいていたのだ。しかし期待に反して、いくらタネを播いても親品種を凌《しの》ぐ特性を示すものは一個体も出現しなかった。じつにバーバンクは十代で早々に、ジャガイモの品種改良は不可能だと結論づけてしまっていたのである。

ところが一八七一年に自分の畑で、評判の最新品種「アーリーローズ」が実をつけているのを発見する。それは、たったひとつの、青く未熟なミニトマトによく似た果実であった。「アーリーローズ」には花粉がなく、決して実がならない品種として知られていたため、バーバンクはこの奇跡に大いに期待を寄せる。種子が採れさえすれば、「アーリーローズ」が優れた母親であることを確信していたからだ。

「バーバンクポテト」は、品種改良に本格的に取り組み始めたバーバンクが、翌一八七二年、二十二歳のときに播いたこの二三粒のタネから育った中の一個体である。そしてバーバンクの睨《にら》んだ通り、この中から収量が二〜三倍になったどころか、すべての点で「アーリーローズ」を凌駕《りょうが》した個体が得られたのである。

バーバンクの志は、植物の品種改良で人々の暮らしを豊かにすること、であった。

当時のアメリカは、移民による急激な人口増により、食料不足が深刻な社会問題となりつつあった。だからこそバーバンクは、この画期的な新品種で祖国の役に立ちたいと願い、東海岸でもっとも力のある種苗《しゅびょう》商であったジェームズ・グレゴリーに、この品種の権利を売ることに決める。だがその譲渡金額は、バーバンクの希望額の三分の一にも満たなかった。

グレゴリーに「バーバンクポテト」と名づけられた品種の権利を売って、バーバンクが得た対価はいったいどのぐらいだったのであろうか。

一八七五年にバーバンクは、育種をするのに理想的な土地だと判断したカリフォルニア州サンタローザに移住するのだが、グレゴリーへの譲渡金額は東海岸から西海岸への引っ越し代にしかならなかったと、後に回想している。

わたしには、バーバンクがグレゴリーの提示額に満足していたとはとても思えない。それどころか一時は不満で溢《あふ》れかえったはずである。育種家にとって、育成した品種に対する不当な評価ほど腹立たしいものはないからだ。

一方で、ブリーダー心理として、あっさりと気持ちを切り替えたこともよくわかる。バーバンクは、「バーバンクポテト」を超える品種などすぐに作れると考えていたに違いない。

実際にバーバンクは、「バーバンクポテト」より優れた品種を育成しようと、一八八五年にゴールドリッジ実験農場を設立した後も、タネから育てた一万二〇〇〇株もの個体を比較評価している。だが、結果は全滅。不世出の天才育種家をもってしても、偶然得られたわずか二三粒のタネに勝てなかったのである。

さすがにバーバンクはこのような不測の事態も想定し、別の手を打っていた。それは「アーリーローズ」のタネをもう一度、それももっとたくさん播いてみること。そのためにタネに高額の懸賞金を懸け、全米中に提供を呼びかけたのである。しかしこの計画は実現せずに終わる。なぜなら、全米広しといえども、「アーリーローズ」のタネを採れた人はひとりもいなかったからである。

と、ここまでが、よく紹介される「バーバンクポテト」の物語である。ところが一九九一年になって、これがバーバンクの思い込みであったことが明らかになってしまった。

どういうことかというと、「バーバンクポテト」は「アーリーローズ」が自家受粉でつけた奇跡のタネから育ったのではないと、現代科学によって証明されてしまったのである。さらに、二〇一四年のポール・ベスケらの論文は、「アーリーローズ」の生みの親ブレシーが育成した兄弟品種である「プロリフィック」の花粉が「アーリーローズ」に交配されて「バーバンクポテト」が生まれたのであろうと結び、ついに一四三年前の真実を明らかにしたのである。

エジソン、フォードとの関係

トーマス・エジソン、ヘンリー・フォードと並ぶ三大発明家と称されたにもかかわらず、バーバンクだけは生涯貧乏であった。エジソンとフォードの発明品が特許で保護され、二人が莫《ばく》大《だい》な特許料や利益を得たのに対し、バーバンクの新品種には一切権利保護がなされなかったからである。

いまでこそ、新品種を育成した人に特許権に準ずる品種権が与えられるのは、当たり前の概念である。しかし当時は、農作物が知的財産権の対象になるなどとは誰ひとり考えもしない時代であった。それでもこれだけ画期的な新品種を次々作り出したのだから、バーバンクもブレシーを見習って独占的に生産販売するなどすれば、一財産作ることぐらいたやすかったはずである。そうしなかったのは、バーバンクが時間を含めたすべての資源と能力を人類の明るい未来のために捧《ささ》げ続けたせいであった。

エジソンとフォードはそんなバーバンクに対して、友人らしい援助をしている。フォードはフォード製トラクターの第一号車をバーバンクにプレゼントしたし、エジソンはエジソンで、ある活動に取り組んでいた。

植物の品種改良方法や新品種がアメリカの特許法で保護されるようになったのは、一九三〇年、バーバンクの死後四年を経てからだった。何を隠そう、この法案の推進者はエジソンである。そして法律成立後に、「これで第二、第三のバーバンクが現れる」と語ったと言い伝えられている。そして最後の発明を成し遂げたかのように、翌一九三一年にエジソンは息を引き取ったのだった。

みんな大好き男爵薯

日本一有名なジャガイモの品種といえば、「男爵薯」で決まりだ。日本人の味覚に合ったうまさが消費者に、どんな環境条件下でも早くたくさん採れる性質が生産者に好まれたために、歴史的な大ヒット品種となった。

だが、病気や害虫に対する抵抗性を持っている現代の品種と比べてしまうと、いくつもの欠点が目立つのも事実である。消費者にとっては、芽が深く皮がむきにくい点、冷めると黒っぽく変色してくる点があげられる。また生産者は生産者で、いまとなっては病害虫に弱い「男爵薯」を生産し続けるリスクを背負わされている。イモを半分に切ったときに中に空洞ができる症状を、もっとも起こしやすいのも「男爵薯」なのである。

それにもかかわらず、日本でもっとも生産量の多い青果用品種は、導入されてから一世紀をすぎてもなお「男爵薯」のままで変わっていない。

男爵薯のはじまり

一八七五年（明治八年）以降、国が主導して海外から多くの品種を導入し、これらの中から日本の栽培環境に適した品種が選ばれていった。

しかし「男爵薯」はそうではない。イギリス留学経験を持つ川田龍吉《かわだりょうきち》男爵が、一九〇八年（明治四十一年）に個人的に導入し、自身の農場で作り始めた品種なのである。

ところが導入時の品種名がわからなくなってしまったため、普及初期は来歴不明の品種であった。評判の新品種が名無しでは不便だと、いつしか「男爵薯」と呼ばれるようになったというわけである。館和夫《たてかずお》は『川田龍吉伝』の中で、川田が導入した国がイギリスかアメリカかは判断できないとしている。

「男爵薯」の正体が明らかになったのは、一九三二年（昭和七年）九月。ウィスコンシン大学教授のルイス・ジョーンズが、川田立ち会いのもとで、アメリカ・マサチューセッツ州マーブルヘッドで一八七六年に発見された「アイリッシュコブラー」だと同定したのである。川田が導入してから二四年後のことであった。

男爵薯の父・川田龍吉

川田は一八七七年（明治十年）、二十一歳の春にイギリスに留学し、グラスゴー大学とロブニッツ造船所で造船技術全般を学ぶ。帰国したのは七年後の一八八四年（明治十七年）、三菱製《みつびし》鉄所と日本郵船《にっぽんゆうせん》勤務を経て、一八九七年（明治三十年）には横浜船渠《よこはません きょ》（現三菱重工業横浜製作所）の初代社長となった。

一九〇二年（明治三十五年）に川田は横浜船渠を去ることになるのだが、その二年前に自ら軽井沢《かるいざわ》に農場を開いている。九皐園《きゅうこう》と名づけられた農場は、軽井沢駅から北に延びるメインストリートから軽井沢銀座手前の西側にあり、総面積が約二〇〇ヘクタールという広大なものであった。二〇〇ヘクタールといえば、皇居の一・七倍の広さである。また、農場運営とは別に別荘地の管理事業も行っていた。

川田はここでまず競走馬の繁殖を試み、横浜船渠社長退任後には畑作農業に力を入れるようになった。日本に住む外国人の増加をビジネスチャンスととらえ、東京向けに珍しい西洋野菜を生産し始めたのである。なかでもキャベツが一番の売れ筋だったようである。

九皐園開設に際して川田が真っ先に取り組ませたのは、農場の水がめとした雲場池《くもばいけ》の築堤工事であった。現在ではスワンレイクの愛称で親しまれている雲場池は、川田がいまの姿に造り替えたのである。また、川田家の別荘は雲場池の水源である御膳水《ごぜんすい》の近くにあった。

男爵薯の普及

一九〇六年（明治三十九年）に川田は函館《はこだて》近郊の七飯《ななえ》村（現亀田《かめだ》郡七飯町）に九ヘクタールの

農地を購入し、住居もここに移している。農場は清香園《せいこう》と名づけられ、軽井沢の九皐園農場と同様に西洋野菜の試作が行われた。一九〇八—〇九年（明治四十一—四十二年）にかけては、国内外の種苗会社からのべ三〇〇に近い品種が購入され、この中に後の「男爵薯」が含まれていたのである。

日本の農業振興のために優良品種の導入に執念を燃やし、詳細な記録を残した川田だったが、導入後は使用人に任せていた。事実、清香園農場の管理は九皐園農場から移ってきた安田久蔵に担当させ、川田はジャガイモの有望品種を入手できたことを自ら記していない。後の「男爵薯」がすごい品種だと認められ始めたのは、清香園農場の外に出てからだったのである。

世間が「男爵薯」を画期的な品種だと認めたのは、ジャガイモが大凶作となった一九一三年（大正二年）であった。もっとも被害の少なかった「男爵薯」のおかげでこの年を乗り切ることができた近隣農家の声が、「男爵薯」の評判を確固たるものにしたのである。

関東での試作は一九二一年（大正十年）から始まった。春に収穫した関東産種イモよりも、夏に収穫した北海道産種イモのほうが圧倒的に品質が優れていたことも加わり、生産者の間で「男爵薯」人気に火がついた。

画期的な新品種は人の欲を刺激する。新品種人気につけ込み自らの懐を肥やそうという輩《やから》にとっては、特に供給側の評価が定まっていないタイミングこそ、絶好の狩り場になる。『川田龍吉伝』によると、「男爵薯」の本州普及時には、実際に次のようなことが起きたそうだ。

関西では、一九二四年（大正十三年）に京都の瀧《たき》井《い》治《じ》三郎《さぶろう》商店（現タキイ種苗）が関西地方の特約店に決まる。だが、いざ七飯村で集荷する際になると、出荷を拒む者が大勢あらわれ、取り決めた量を瀧井治三郎商店へ納められなくなってしまった。事前に種イモの卸価格は決められていたのだが、それよりも高い価格で買い上げる者が裏で動き回ったせいだった。

このときに三代目瀧井治三郎がとった対応について触れておきたい。買い損じた立場にもかかわらず、吊《つ》り上がった卸価格との差額を、約束通り納品してくれた生産者に対して見舞金として支払ったのである。

「男爵薯」が名実ともに全国区になるのは、これから数年後のこと。北海道からの種イモ供給体制が整う昭和に入ってからである。一九二八年（昭和三年）には北海道が定める優良品種に選ばれ、道内での生産はいっそう盛んになった。

メークイン

日本で「男爵薯」に次いで有名な品種は、「メークイン」である。これも異論はないだろう。

「メークイン」は、イギリス南西部チェルトナム近郊のベンサムで、サドラーが栽培していたものを、王室御用達の種苗商サットン父子商会（現サットンコンシューマープロダクツ）が一九〇〇年に紹介したのがはじまりである。

日本には一九一三年（大正二年）以前に導入されたらしいが、いつ誰がどこから日本に持ち込んだのかは謎のままである。北海道には、一九一七年(大正六年)に本州から伝わったという記録が残っている。したがって北海道で栽培が始まったのは、「男爵薯」よりも約一〇年遅い。だが、北海道における優良品種に決まったのは一九二八年(昭和三年)で、「男爵薯」と同時であった。

北海道で優良品種に選ばれたものの、「メークイン」は病気に弱かったため、戦前はあまり注目されなかった。昭和初期に全国区になった「男爵薯」に対し、「メークイン」が脚光を浴びるのは、一九五五年(昭和三十年)ごろからなのである。

「メークイン」人気は関西から火が着いた。「男爵薯」と比較して圧倒的に煮くずれが少なく、芽が浅いために煮姿もきれいな点、さらになめらかな舌触りが、関西の食文化に合ったのである。この流れを作ったのは、京野菜にはじまり事業を拡大してきたタキイ種苗であった。

「メークイン」が煮くずれしにくい理由は、おもにデンプン価が低いためだとされることが多い。とは言うものの、「男爵薯」と「メークイン」のデンプン価の違いは一%程度にすぎない。つまり煮くずれの程度の違いは、デンプン価だけでは説明がつかないのである。

デンプン価の他に考えられる要因は、細胞の大きさ、デンプン粒の大きさと分布様式、細胞《さいぼう》間隙《かんげき》の量、細胞壁成分などがあるとされる。要するに、煮くずれの難易の原因に関しては、いまもって完全な解明にはいたっていない。

一方で「メークイン」は、いま流通している他の品種にはない大きな欠点を抱えている。何となく気づいている人が多いのではないかと思うが、「メークイン」特有のえぐみのことである。

えぐみが強い原因は、ポテトグリコアルカロイド含量が他の品種よりも多いためである。ポテトグリコアルカロイドとは、ジャガイモ特有のえぐみのもととなる成分で、光にあたると増える。したがって「メークイン」を家庭で保存する際には、紙でくるんだほうがよい。いまの冷蔵庫の野菜室は、薬物の鮮度を保つために照明がつくようになっているから、冷蔵庫で保存する際にも注意が必要だ。

甲州薯の由来

「甲州薯《こうしゅういも》」は、「清太夫薯《せいだゆういも》」、「清太薯《せいだいも》」ともいわれる古い品種である。県別生産量日本一のブドウ、モモ、スモモ、クレソンならいざ知らず、山梨県にはジャガイモのイメージはまったくない。現在、山梨県のジャガイモ生産量は、第三一位と下位にとどまっているのだから当然だ。

だが「甲州薯」の名の通り、山梨県はジャガイモにとてもゆかりが深い土地柄である。それどころか、甲斐国《かいのくに》はジャガイモ生産量で日本一であった時期もあるほどなのである。

これはあるひとりの代官の英断がきっかけとなった。その名は、中井清太夫《なかいせいだゆう》という。

中井清太夫は、一七七四年（安永《あんえい》三年）から一七八七年（天明《てんめい》七年）まで一三年間甲州代官を務め、一七八二年（天明二年）に始まった天明の大飢饉《だいききん》対策として、幕府の許可を得て、ジャガイモを九州から甲斐国に導入したと言い伝えられている。九州は長崎と考えて間違いないであろう。

甲斐に導入した際の試作地は、九一色郷《くいしきごう》（現市川三郷町《いちかわみさとちょう》、甲府市、富士河口湖町《ふじかわぐちこまち》、笛吹市《ふえふき》）であった。最初からあえてイネをはじめとする重要作物が育たない地域を選び、さらに一四ヶ所にも分散させて栽培させたところに、清太夫の切れ者ぶりがうかがえる。

このような形で清太夫がジャガイモの普及を進めたおかげで、甲斐国は天明の大飢饉を乗り越えられたのである。結果、清太夫は生き神様とあがめられ、領内でジャガイモは「清太夫薯」、「清太薯」と呼ばれるようになった。また、周辺国では「甲州薯」と呼ばれ広まることとなった。

強調しておきたいのは、これは飢饉対策に蘭学者《らんがくしゃ》の高野長英《たかのちょうえい》がジャガイモ栽培を勧める五〇年以上前の話だということである。事実、『二物考《にぶつこう》』中で高野長英は、馬鈴薯の和名を「ジャガタライモ」、「甲州イモ」、「清太夫イモ」、「八升イモ《はっしょう》」と記している。

中井清太夫がヒーローになれたのは、ジャガイモを導入しただけに終わらせず、自ら普及まで導いたからこそであろう。言い換えれば、その土地における栽培技術を確立しない限り、作物や品種で民を救うことなどできないのである。

山梨県上野原町《うえのはらまち》（現上野原市東部）で「ふじのねがた」と呼ばれ、山梨県北都留郡《きたつる》丹波山村《たばやま》では「つやいも」と呼ばれている在来種や、同じく丹波山村の「落合いも《おちあい》」は、江戸時代から栽培されてきたと言い伝えられているため、ひょっとしたら「甲州薯」そのものなのかもしれない。

日本のジャガイモ育種

ジャガイモが「貧者のパン」として人類の歴史に大きな影響を与えてきたことは、誰もが知っている。食用植物としてムギ、トウモロコシ、イネに次ぐ、生産量第四位のジャガイモは、老若男女、貧富の差なく世界中で好まれている。ところが、ジャガイモには上位三品目とは大きく異なる点がある。上位三品目が、増殖も保存も遠方への輸送も容易なタネであるのに対し、ジャガイモだけがイモ（塊茎《かいけい》）で増やす栄養繁殖性の品目だという点だ。

栄養繁殖性とはクローン増殖と同義であり、種子で増やす種子繁殖性ではなく、植物体を切り分けて増やす品目のことをいう。一番の弱みは、クローンなだけに、すべての個体の遺伝的特性がまったく同じ性質を持っていることから、各種の病虫害がひとたび蔓延《まんえん》すれば全滅するリスクが高いことなのだ。疫病による一九世紀アイルランドの「ジャガイモ大飢饉」を持ち出すまでもなくである。

加えて種子繁殖性の作物と異なり、ジャガイモの増殖効率は低い。一株から約二〇〇〇粒のタネが採れるイネに対し、ジャガイモ一株から採れるイモは一〇個程度である。種イモの増殖効率を考えれば、大飢饉に備える難しさは想像できよう。このハンディキャップをものともせずにイネに次ぐ地位を占めている事実が、ジャガイモの有能さを物語っている。

寒すぎる環境のために往時はイネが栽培できなかった北海道を中心に、ジャガイモ生産は食料増産に大きく貢献してきた。だが、明治初期以来増加を続けてきた国内生産量は、一九六五年（昭和四十年）から一九八七年（昭和六十二年）にかけてをピークに、平成に入り完全に減少に転じた。逆に海外からの加工用原料輸入は増加の一途をたどっている。

実際にこのような状況に陥る前から、ブリーダーたちは時代の変化を予想し、青果用以外の育種も進めていた。だが結果だけ見ると、輸入量の増加を食い止めるまでにはいたっていない。

日本における品種別生産量は、二〇一四年（平成二十六年）に「男爵薯」を抜いた「コナフブキ」を筆頭に、「男爵薯」、「トヨシロ」、「メークイン」、「ニシユタカ」、「キタアカリ」、「ホッカイコガネ」といった順に並ぶ。

ここからは、近年、日本で育種された品種と輸入原料との戦いや大きな環境変化について振り返ってみよう。

ポテトチップスの戦い

加工用輸入原料との最初の戦いは、一九七〇年代に起きた。ポテトチップスの戦いである。

生イモの輸入は植物防疫法により原則禁じられているが、冷凍や乾燥して入る加工用は別である。加工用に関しては法律の防衛網は機能せず、国内産原料は同条件で海外産原料に対抗しなければならない。

そこで登場したのが、生産量第三位の「トヨシロ」である。「トヨシロ」は、北海道農業試験場（現北海道農業研究センター）によって育成され、一九七六年（昭和五十一年）に品種登録された。

「トヨシロ」は、自動皮剝《かわむ》き機で扱いやすいように芽を浅くし、薄くスライスしたチップを油で揚げた際に焦げにくいように、還元糖含有量を減らすという改良が行われている。還元糖とは酸化しやすい糖のことで、おもにブドウ糖とショ糖である。このおかげで、輸入乾燥原料に対する原料コストのハンディを製造工程で吸収することができ、さらにポテトチップスの品質で上回ったことから、米国産原料の進入を食い止めることができたのである。これには国産原料にこだわったカルビーの経営判断も大きく寄与した。

「トヨシロ」の他にも、ポテトチップス用の品種としては、北海道立根釧《こんせん》農業試験場（現酪農試験場）が一九七四年（昭和四十九年）に品種登録した「ワセシロ」がある。「ワセシロ」はその名の通り早生であることから、新じゃがポテトチップスの原料としていまでも一定の需要を保っている。

カルビーポテトの戦略

カルビーの総売り上げは、約五割がポテトスナックで占められている。すでに述べたように、カルビーが原料に用いる国産ジャガイモの量は、国内生産量の約一割を超えるのである。これほどの原料を安定調達するためには、「ワセシロ」と「トヨシロ」任せにしてはいられない。リスク分散のために、自ら次の手を打ったカルビーポテトについて触れておこう。

カルビーポテトは、カルビーの原料部門が分離独立したカルビーの一〇〇%子会社である。カルビーポテトがとった手段は、川田龍吉と同じであった。すなわち独自に海外から、日本での生産に向く新品種を導入することにしたのだ。その成功事例が、一九九一年（平成三年）にアメリカから導入した「スノーデン」である。「スノーデン」はウィスコンシン大学がポテトチップス用に一九九〇年に育成した品種であり、二〇〇〇年（平成十二年）には北海道が定める優良品種になった。

アメリカで育種された新品種を翌年には国内で導入評価し、最短で生産供給体制を整えたカルビーポテトの機動力は、もっと知られてよい。

さらにカルビーポテトは自社育種も行っており、ここで誕生した「ぽろしり」は、二〇一六年（平成二十八年）から親会社のカルビーが原料として使用している。「ぽろしり」という名は、芽室町《めむろちょう》にある馬鈴薯研究所から見える日高《ひだか》山脈の主峰幌尻岳《ぽろしりだけ》にちなんで名づけられた。

それまでは、カルビーの国産ポテトチップスは、「トヨシロ」、「スノーデン」、「きたひめ」の三品種で九割がまかなわれてきた。それぞれの収穫期は、「トヨシロ」が九月上旬、「スノーデン」と「きたひめ」が九月下旬なのだが、「ぽろしり」はこれらの間を埋める収穫期となっている。

また、成型ポテトチップスを販売していなかったカルビーが、二〇一六年（平成二十八年）に「ポテトチップスクリスプ」で成型ポテトチップスに参戦したのも、原料調達リスクを分散する意味合いがあるに違いない。「ポテトチップスクリスプ」は、輸入原料の「ラセットバーバンク」で製造される。単純に成型ポテトチップスの二大ブランドであるヤマザキビスケットの「チップスター」と森永《もりなが》製菓の「プリングルズ」からシェアを奪うだけでなく、商品供給のリスクも分散させるという二面作戦であることは明らかだ。

フライドポテトの戦い

「トヨシロ」により、ポテトチップスの戦いで産官連合の日本が勝利するも、一九八〇年代に入ってすぐに次の戦いが起きた。フライドポテトの戦いである。

原因は、マクドナルドの国内出店数の伸びとともに、フライドポテトの原料需要が急増したためであった。マクドナルド一社だけでも、一九八〇年には約二〇〇だった店舗数が、二〇〇〇年には四〇〇〇店舗近くにまで増えたのだから、まさにフライドポテト特需である。

国の北海道農業試験場は需要の変化を読んで備えを固め、フライドポテト用の育種を始めていた。事実、一九八一年（昭和五十六年）には「ホッカイコガネ」を育成し、ポテトチップスの戦いでの「トヨシロ」同様に、備えは万全かに思われた。「ホッカイコガネ」の母親は「トヨシロ」、父親には全長が長く糖分含有量の少ない「北海《ほっかい》51号」が選ばれた。

日本で初めて冷凍フライドポテトが製造されたのは、一九七二年（昭和四十七年）である。森下仁丹《もりしたじんたん》の子会社、仁丹食品（現パイオニアフーズ）が北海道虻田《あぶた》郡京極町《きょうごくちょう》に工場を建設したのがはじまりであった。フライドポテト市場の急拡大というビジネスチャンスをものにして、仁丹食品は一九八〇年代前半には約六〇％という高シェアを誇るほどの成功を収めた。

たしかに「ホッカイコガネ」は優秀な品種だったのだが、二つの要因によって輸入原料の歯止めにはなりきれなかった。

ひとつめは急激な円高である。一九八五―八八年（昭和六十―六十三年）にかけて、わずか三年間で対ドルで円の価値が二倍になってしまっては、品種優位性で太刀打ちできるレベルではない。

もうひとつは、国内でまだ種イモの迅速な普及体制が整っていなかったせいである。種イモで繁殖するジャガイモは、一回の作付《さくづけ》で一〇倍程度にしか増えない。あわてて「ホッカイコガネ」の生産を増やしたところで、アメリカで冷凍フレンチフライに加工された後に輸入される「ラセットバーバンク」に、価格と供給量で太刀打ちできるわけもない。この戦いは米国産原料の勝利に終わり、日本の冷凍フライドポテト工場は閉鎖に追い込まれたのである。

コロッケとポテトサラダの戦い

フライドポテトの戦いで敗色が濃くなるなかで、一九九〇年代にまずコロッケ用が急増し、二〇〇〇年代に入るとポテトサラダ用も続き、さらに戦線が広がった。

どちらの用途においても原料には青果用のジャガイモが好まれるため、ポテトチップスやフライドポテトのような輸入原料との戦いはおきていない。植物防疫法による防衛網は有効に機能しているといえる。

一方で、この二つについては別次元の戦いが起きた。古くからの定番品種と新品種との世代間競争である。

品種改良は時代の変化を見越して行われる研究開発である。当然新品種に求められる特性は、各時代の要求に合わせて変わる。ところがだ。定番品種よりも優れているはずの新品種に、なかなかすんなりと変わっていかない。生産、加工、流通、消費それぞれの場面で、慣れ親しんだ古い品種からの切り替えに消極的な気持ちが強く働くからである。つまり定番品種の座は、新品種が圧倒的な優位性を示さない限り安泰なのである。

「男爵薯」を例にあげて解説しよう。

二〇〇〇年（平成十二年）ごろまでは、コロッケ用もポテトサラダ用も「男爵薯」の独擅場《どくせんじょう》といった状況であった。全国区になってから九〇年を経てもなお、トップの座を守り続けている。だがここにきてようやくライバル品種が登場した。

コロッケ用では依然として「男爵薯」が好まれているのは事実である。そうはいっても、ある品種がその座をうかがうところまできている。品種別生産量第六位の「キタアカリ」だ。「キタアカリ」のデンプン価は一六〜一七％と「男爵薯」よりも高く、ほっくらしたコロッケに向いているからである。もちろんスーパー等で流通する青果用としても優れた万能性を示す。また「男爵薯」よりも甘くて食味がよく、ビタミンＣ含有率も「男爵薯」の一・五〜二倍と、メジャーな品種中もっとも多い。また、果肉が黄色くカロテノイドが豊富なのも特徴だ。欠点は、煮くずれしやすいことぐらいである。

交配は一九七五年（昭和五十年）に北海道農業試験場で行われ、一九八七年（昭和六十二年）に品種登録された。母親が「男爵薯」、父親は東ドイツで一九六七年に育成された「ツニカ」である。「男爵薯」も、子供の「キタアカリ」にとって代わられるのであれば本望だろう。

品種特性としては、ほぼすべての点で「男爵薯」を凌駕している「キタアカリ」であるが、ひとつだけ母親に及ばない部分がある。それはコロッケ用途としてのブランド訴求力だ。白い果肉のイメージとともに、男爵薯のコロッケが根強い人気を保っているからである。

キタアカリを追い越すか、きたかむい

現状、青果用も含めて「男爵薯」に真正面から立ち向かえそうな品種はただひとつ。「きたかむい」だけである。

「きたかむい」は、ホクレン農業総合研究所が育成し、二〇一〇年（平成二十二年）に品種登録された。「キタアカリ」よりもデビューは二三年遅い。

「きたかむい」にジャガイモ業界が期待を抱くのは、栽培のしやすさも含めて総合的に「男爵薯」より優れているうえに、果肉の色が「男爵薯」と同じだからである。ただし、「きたかむい」にも「男爵薯」と大きく異なる特性がひとつある。それは食感だ。「きたかむい」はしっとり系で、ほくほく感はあまりない。

コロッケに限れば、いまのところ「男爵薯」のほうが好まれている。言い換えれば、消費者にとってこの点以外は、「きたかむい」がすべて「男爵薯」に勝っているといえる。

「きたかむい」の父親の「とうや」は北海道農業試験場が一九九二年（平成四年）に育成した品種で、粘質で煮くずれしにくい。そのため煮物や炒《いた》め物に向く。JAきたみらいは「黄《こう》爵《しゃく》」のブランドで売っている。

ポテトサラダ用ならさやかに限る

一方ポテトサラダ用では、すでに「男爵薯」の存在感は低下している。コロッケほど「男爵薯」の響きに惹《ひ》かれる消費者が多くないこともあるし、ポテトサラダには理想的な品種が登場したからである。その名は「さやか」という。

ところで、既製のポテトサラダと生のジャガイモとでは、いったいどちらのほうが国民一人当たりの購入金額は多いのだろうか。

二〇〇一年（平成十三年）にポテトサラダが青果を追い抜き、その差は広がるばかりなのである（農畜産業振興機構「馬鈴薯の需要変化と品種の動向」）。

事実、「さやか」は一九九五年（平成七年）に育成されて以来、生産量を増やし続けている。「さやか」は、病虫害抵抗性を持たせることを目的として、抵抗性を有する海外品種同士の交配から得られた。育成したのは北海道農業試験場で、交配は一九八三年（昭和五十八年）に行われた。

特徴は、「男爵薯」と比べて大粒で芽が浅く、果肉が変色しにくいうえ、えぐみも少ない点があげられる。すなわちポテトサラダとしての加工適性が圧倒的に優れているのである。また、「さやか」は煮くずれしにくいため、煮込み料理にも向く。

シストセンチュウとの戦い

ジャガイモ生産にかかわる者には、決して負けられない戦いがある。相手は外来害虫ジャガイモシストセンチュウだ。

ジャガイモシストセンチュウは土の中に生息し、ジャガイモの根に寄生して収量に悪影響を与える。増えすぎると収量が半減するほど。シストセンチュウの密度はジャガイモを植え付けると大きく増加し、一度発生すると根絶は極めて困難であることから、世界的にももっとも恐れられているジャガイモの害虫である。

日本では、公式には一九七二年（昭和四十七年）に北海道で最初の発生が確認され、徐々に汚染地域が拡大している状況にある。その感染経路は、皮肉にもジャガイモ生産によかれと考えて取り入れた肥料、海鳥の糞《ふん》の堆積物（グアノ）であったと考えられている。

特に生産量上位五品種「コナフブキ」、「男爵薯」、「トヨシロ」、「メークイン」、「ニシユタカ」のすべてが抵抗性を持たない品種であることもあり、抵抗性品種への切り替えは至上命令である。もちろん近年の育種目標には、ジャガイモシストセンチュウへの抵抗性付与が加わっているし、すでに優れた品種が生み出されている。

抵抗性品種と聞くと、病虫害の影響を受けずに平然と受け流すというイメージを持つのではないだろうか。たしかにこのような場合がほとんどなのである。ただジャガイモシストセンチュウ抵抗性品種はこれでは済まさない。寄生したセンチュウの成長を阻害し殺してしまうのである。つまり抵抗性品種を生産すれば、汚染された土地のセンチュウを八〇%も減らすことができるというわけだ。

現在、もっとも生産量の多いジャガイモシストセンチュウ抵抗性品種は、コロッケの戦いで登場した「キタアカリ」である。「キタアカリ」の父親は、旧東ドイツ生まれの抵抗性品種「ツニカ」で、国産初の抵抗性品種のひとつであった。このほか、国が育種した抵抗品種には青果用の「とうや」と、先ほどのポテトサラダ用の「さやか」、フライドポテトに向く「こがね丸」がある。

また、ポテトチップス用としては、農協であるホクレンと国が共同開発した「きたひめ」がある。さらにカルビーポテトが育種した「ぽろしり」も抵抗性品種である。

この闘いは長期戦を覚悟しなければならないが、抵抗性品種とそれを育種したブリーダーの勝利は動かないかに思われた。

ところがシストセンチュウ側が、思わぬ形で反撃に出た。

二〇一五年（平成二十七年）に、網走《あばしり》市でジャガイモシロシストセンチュウという新たなシストセンチュウの発生が確認されたのである。

ジャガイモシロシストセンチュウは、ジャガイモシストセンチュウ抵抗性品種にも寄生できてしまう。すなわち日本国内の主要品種には、ひとつも抵抗性品種が存在しないという現実が突き付けられてしまったわけである。それだけではない。主要品種の後継候補にすら、まだ抵抗性の有望系統は存在しない。消費者は知らない、いまそこにある危機である。

カラフルポテトの登場

日本のジャガイモ売り場と欧米のジャガイモ売り場とは、ずいぶんと印象が異なる。一言でいえば、日本のほうが地味だ。第一の理由は、欧米ではジャガイモはすぐに調理ができるようにきれいに洗浄されているのに対し、日本では土つきのまま店頭に並ぶためだ。そのせいで売り場がくすんで見える。

よくよく考えれば、これは不思議な話である。日本でも、ダイコン、カブ、ニンジンはもとより、ゴボウまでがきれいに洗われている。同じイモ類のサツマイモだってそうだ。サトイモですら、泥つきのほうが珍しくなってきている。さらに付け加えれば、消費量を落とす一方のコメですら、無洗米の消費量は伸び続けているというのにである。

理由は、ジャガイモ生産業界がコスト高を嫌っているためなのか、ジャガイモだけは土つきのほうが品質がよいように感じる消費者が多いためなのか。おそらく両方なのだろう。

そもそもキッチンに土を持ち込みたくない人が増えている状況下で、青果用ジャガイモの消費減少に歯止めをかけたいのであれば、洗浄を先延ばしにするのはデメリットのほうが大きいはずだ。土つきジャガイモと輸入原料を使ったジャガイモ加工食品を比べてみれば、消費者視点でどちらが魅力的に映るかは考えるまでもない。また、もしサトイモのように、皮まで剝いたパック商品を消費者が欲しがるようになってしまったら、生産コストははるかに上昇する。

第二の理由は、皮の色やイモの形、見た目レベルの多様性で、大きく差をつけられているためである。薄茶色一色の日本に対して、欧米ではごく普通に赤や紫が彩りを添えている。

それなのにカラフルジャガイモの育種では、いまや日本が世界をリードしているのである。

ここでのカラフルとは皮の色ではなく果肉の色のことをいう。

植物に含まれる赤や紫の色素といえば、アントシアニンである。アントシアニンはポリフェノールの一種で、体内の活性酸素を消去する抗酸化作用がある。これを多く含んでいるフルーツとしては、ブルーベリーが代表選手だ。

カラフルな変わり者品種を全国区に押し上げた成功事例は、紫いもを定着させたサツマイモを抜きにして語れない。紫いものアントシアニン含有量はブルーベリーの約一〇倍といわれるから、スイーツの原材料としてここまでの存在感を示すようになったのは、栄養面からも実力通りの結果である。

機能性野菜ブームに乗り遅れないようにと、果肉が紫や赤のジャガイモが開発されたのは、二〇〇二年（平成十四年）のこと。日本初の紫肉品種と赤肉品種は、それぞれ「インカパープル」、「インカレッド」と命名された。ただ、両品種ともに収量が低かったため、話題にはなったものの普及しなかった。

そこで改良品種として登場したのが、第二世代「キタムラサキ」、「シャドークイーン」、「ノーザンルビー」の三品種である。これらはスナック菓子の加工原料としてなくてはならない存在になりつつある。

インカのめざめ

赤と紫だけでなく、果肉が黄色い品種もカラフルポテトに含まれる。その代表格「インカのめざめ」も個性の強さでは負けていない。

外見的な特徴としては、イモが小ぶりで果肉が黄色いこと。黄色い果肉には、「男爵薯」の三〇倍以上のカロテノイド系色素が含まれている。デンプン価は「男爵薯」よりも高いのに、煮くずれしにくい。また香りも特別である。独特のナッツフレーバーがあり、食味が極めてよい。加えて、えぐみのもとになるポテトグリコアルカロイド含量は少ないときているから、栗《くり》に似た印象を受ける。

「インカのめざめ」は、これ以外にも目に見えない部分で変わっている。それは染色体の数だ。日本の栽培種の大多数が四倍体なのに対し、「インカのめざめ」は二倍体品種なのである。

四倍体品種とは、通常の二倍の染色体数を持つ品種のことをいう。ジャガイモの場合、二倍体品種と栽培種のもととなった野生種は、どちらも一二本の染色体を二対、計二四本持つ。

一方、四倍体の染色体は二倍体の二倍の四八本となる。四倍体の特徴は、形態的には各部位の大きさに現れる場合が多い。実際に二倍体と比較すると、葉や花、果実が一様に大きくなっていることがわかる。このように可食部が大きくなることは、人間様にとっては好都合な話なのである。

それほどうまい話があるのなら、どんな食用植物でも四倍体にしてしまえばよさそうに思える。現実的にはこれが難しい。四倍体品種は、生育が遅くなったり結実しにくくなったりといった、栽培上のトレードオフから逃れられない宿命を背負っている。ジャガイモの園芸品種は、このさだめに打ち勝った栽培植物だといえる。「インカのめざめ」のイモが小ぶりなのは、二倍体品種のためなのだ。

「インカのめざめ」を育成したのは、北海道農業試験場である。二倍体品種同士を一九八八年（昭和六十三年）に交配し、二〇〇一年（平成十三年）に品種登録された。母親には野生種 *Solanum phureja* の血が入っている。

デストロイヤー

見た目のインパクトの強さでいえば「デストロイヤー」が一番だろう。紫色の皮のところどころに芽を中心にして赤い楕円形《だえんけい》の斑が入る特徴が、足4の字固めを必殺技にしていた名プロレスラー、ザ・デストロイヤーのマスクを連想させることから、この愛称がつけられた。

「デストロイヤー」は長崎県雲仙《うんぜん》市で俵農場を営む俵正彦《たわらまさひこ》が育成した品種であり、二〇〇〇年（平成十二年）に俵が品種登録した「グラウンドペチカ」とまったく同じものである。

俵は交雑育種を行わずに、自然突然変異によるジャガイモの品種改良の可能性を探究し続けた個人育種家だ。自然突然変異とは自然条件下でまれに起こる染色体上の微細な変化のことをいう。

つまり俵は突然変異個体の出現率を高めるための人為的な突然変異誘発処理を一切行わずに、自らのジャガイモ生産圃場《ほじょう》で生産する品種の株のなかからわずかに変わった特徴を示す株を選び出し、その株を種イモにして次の世代を育て、若干でも変化の程度が増した株を選抜して

図表3　デストロイヤー（写真・ナーセリーズ）

種イモにする、を延々と繰り返すことで、誰が見ても別の品種だと思える性質をもった新品種を育成したのである。

このダーウィンの「自然選択説」を地で行くやり方によって、俵が最初に作りあげた品種が「タワラムラサキ」だ。「タワラムラサキ」は、長崎県総合農林試験場愛野《あいの》馬鈴薯支場（現農林技術開発センター馬鈴薯研究室）が育成した「メイホウ」の皮が紫色に変化し、耐病性が優れるようになった品種であり、一九九七年（平成九年）に品種登録された。

「デストロイヤー」も同じ手法で俵が育成した品種である。おおもとは種苗会社サカタのタネが育成した赤皮の「レッドムーン」だ。どちらも一般的な品種よりもうま味が強く、味の違いがはっきり感じられる。

育種家としての俵を生涯突き動かしてきたものは、「ラセットバーバンク」の物語であった。収量ではなく珍しさを求めるのであれば、店頭でほとんど見かけないカラフルポテトは、家庭菜園に一番お勧めの品種だ。

長崎とジャガイモ

長崎県は北海道に次ぐ、日本第二位のジャガイモ生産県である。とはいってもその収穫量は四・一％で、北海道の二〇分の一にすぎない（平成三〇年産野菜生産出荷統計）。だが明治時代にまで遡れば、長崎県はたしかにジャガイモ生産量日本一を誇っていた。

これは当たり前といえば当たり前で、日本におけるジャガイモ生産が始まった場所が長崎だからである。当初「オランダいも」とも呼ばれたジャガイモは、おそらく一六世紀末にオランダ船によってまず平戸《ひらど》に入った可能性が高い。ジャガイモという名前については、ジャガタライモがなまったものというのが通説である。ジャガタラとは、当時ジャカトラと呼ばれていたインドネシアのジャカルタのこと。ジャカトラから来たイモということで、ジャカトライモ→ジャガタライモ→ジャガッライモ→ジャガイモと変化していったと考えられている。

長崎産ジャガイモは一八七三年（明治六年）に海外輸出が始まり、明治半ばから末期にかけては日本の重要な輸出農産物のひとつでさえあった。したがってジャガイモ伝来以降長きにわたって、先進的な生産地といえば長崎をおいて他にはありえなかったのである。

もうひとつの理由は、二期作が可能な地域だからである。ジャガイモには二度芋という別名もある。これは文字通り、同じ畑で春と秋、年二回の収穫が可能な特別なイモという特徴を表している。そうはいっても冬の長い北海道では二期作は不可能で、春作に限定すれば、長崎県はいまでも他県の追随を許していない。

生産量以上の成果をあげている品種改良

二期作を可能にするのは環境要因だけではない。品種特性にも特別な性質が必要になる。まずは、春作で四月から六月にかけて収穫したイモが、秋作の植え付け時期である八月下旬から九月にすぐ芽を出すという、休眠期間の適度な短さである。さらに秋から冬に向かう時期、すなわち高温から低温かつ昼間が夜より長い長日から夜より短い短日に変化する、ジャガイモが本来育つのとは逆の異常な条件下でも、十分な収量を維持する優れた環境適応性だ。

これらに加えてジャガイモはそもそも冷涼な気候を好むため、生産においては北海道よりも九州のほうが不利である。適地であれば必要のない暑さへの耐性も求められる。そのためというべきか、品種改良に関して長崎県は生産量以上の存在感を示し続けている。

まず紹介したいのは、長崎県総合農林試験場愛野馬鈴薯支場で育成された「デジマ」である。「デジマ」は一九七一年(昭和四十六年)に品種登録され、暖地の主力品種になった。味の面ではいまだに暖地の主力品種中もっとも優れた品種だといえる。

次に紹介するのは、青果用として、「男爵薯」、「メークイン」の両大御所に食い下がっている「ニシユタカ」である。品種別生産量第五位の「ニシユタカ」も、長崎県総合農林センターによって育成された。

「ニシユタカ」の母親は「デジマ」であり、煮くずれしにくく、早生で多収という特徴を持っている。交配は一九七〇年（昭和四十五年）、品種登録は一九七八年（昭和五十三年）である。九州での栽培面積は、二〇〇八年（平成二十年）に五一％にまで達した。初夏に新じゃがと銘打って流通するジャガイモは、ほとんどが「ニシユタカ」なのである。

第2章　ナシ――日本発祥の珍しき果樹

日本オリジナルと誇れるだけの独自進化を遂げてきた果樹は、種のレベルではナシの他にない。それなのに、ナシよりカキに対して日本的な親しみを覚える人のほうが多いのは、子供のころに心に刻まれた正岡子規《まさおかしき》のこの俳句の影響であろう。

柿くへば鐘が鳴るなり法隆寺

しかしカキがもともと中国から伝わった果樹なのに対し、日本のナシは栽培種の起源である野生種ニホンヤマナシが国内に自生していることから、日本固有の種だといえる。『日本書紀』には、持統《じとう》天皇が六九三年（持統天皇七年）に、五穀（稲、麦、粟《あわ》、稗《ひえ》、豆）の補助作物として、桑《くわ》、紵《からむし》、梨、栗、蕪菁《あおな》を植えるようにとの詔《みことのり》を出したと記されている。

また、江戸三大農学者のひとりである大蔵永常《おおくらながつね》は、一八五九年（安政《あんせい》六年）に出版した『広《こう》

『益国産考《えきこくさんこう》』の中でこう述べている。

梨を多く作りて利を得る事
夫《それ》梨は百菓の長とて、水菓子の中の最第一とす。是《これ》を多く作りて利を得るは、美濃《みの》の国大《おお》垣《がき》辺にまさりたるはなし。いつの頃よりか此《この》苗を下総国《しもうさのくに》古河《こが》に植え広め、作りて江戸へ出せしより古河梨とて賞翫《しょうがん》せしを、寛政《かんせい》前後に品川河崎《しながわかわさき》の在に植え広め、所の益となる事又夥《おびただ》し。かようなる水菓子は、都会に近き所にあらざれば売口少なくして、大益とはなるべからず。

このように大蔵永常は、ナシは百菓（食事以外の軽い食べ物）の中でもっとも優れており、果物の中でもナンバーワンだと断言している。

ここで「菓子」という言葉について触れておきたい。「菓子」は、もともとは果物のことを表していた。それが時が経《た》つにつれて、この「菓子」に食事以外の軽い食べ物という意味が加わり、いまでいうところの菓子も含められるようになった。ところが江戸時代になるとこれらが同じ「菓子」であることが煩わしくなり、江戸では「菓子」は人が手を加えて作ったものに限定され、逆に果物のほうが「水菓子」と区別されるようになった。

さらに日本全国で「果物」の語が使われるようになったのは、じつは明治も半ば以降の話なのである。

ひとつ実例をあげると、一八三四年（天保《てんぽう》五年）、武蔵国《むさしのくに》埼玉郡千疋《せんびき》（現埼玉県越谷《こしがや》市東《あずま》町《ちょう》）の槍術《そうじゅつ》指南であった大島弁蔵《おおしまべんぞう》が、江戸葺屋町《ふきやちょう》（現東京都中央区日本橋人形町《にほんばしにんぎょうちょう》）に構えた果物と野菜の店の看板は、「水くわし（菓子）安うり処」であった。

この大島弁蔵こそ、千疋屋の創業者である。

安売りで始めた千疋屋が高級な贈答品の代名詞となったのは、一八七七年（明治十年）に三代目を継いだ代次郎の時。代次郎が日本で初めて海外産果物の輸入販売を始めたこともあり、千疋屋は大正時代まで「水菓子の千疋屋」と呼ばれ親しまれた。

ナシの品種改良の歴史は、次の四期に分けるとわかりやすい。「長十郎《ちょうじゅうろう》」時代、「長十郎」「二十世紀」二強時代、「二十世紀」時代、「幸水《こうすい》」時代である。本章では、この順に各品種のおいたちを見ていくことにしよう。

長十郎のふるさと川崎

神奈川県川崎市は、人口一五二万人、日本第六位の政令指定都市である。

京急《けいきゅう》川崎駅をかすめるように延びる旧東海道《とうかいどう》を東京方面に一キロメートルほど歩くと、多《た》摩川《まがわ》に突き当たる。そこはお江戸日本橋《にほんばし》から四里半。かつては六郷《ろくごう》の渡し場があり、東海道における重要な舟渡し場のひとつであった。そしていまは第一京浜《けいひん》国道の一本の橋が、川崎市と東京都大田《おおた》区とを結んでいる。箱根《はこね》駅伝でおなじみの場所、一区最大の見せ場である六郷橋だ。

六郷橋の欄干《らんかん》のかたわらでは、「長十郎梨のふるさと」と書かれた白い碑が多摩川を眺めている。梨の記念碑を建てるには、どうにも場違いな場所だとしか思えない。だが、川の両岸一帯は、江戸中期から大正にかけて広大な農業地帯であった。当時、川崎側には合わせて二〇〇ヘクタールを超える梨畑が点在し、対岸では現在の羽田《はねだ》空港近くまで六〇ヘクタールほどの梨畑が広がっていたという。

ちょうど多摩川河口付近が全国有数の梨産地に育っていった時期に、「長十郎」はこの地に登場したのである。

川崎を汽車で通るや梨の花

東海道本線多摩川（六郷川）鉄橋で子規が詠んだ句が、一八九八年（明治三十一年）当時の光景をいまに残してくれている。

長十郎の生みの親・当麻辰次郎

「長十郎」は最近でこそ見かけなくなったが、大正時代には全国生産量の六割を占めたほどで、昭和五十年代まで長く大ヒット品種として親しまれた。「淡雪《あわゆき》」、「大古河《おおこが》」、「今村秋《いまむらあき》」、「類産《るいさん》」、「美濃梨《みのなし》」、「太白《たいはく》」等々、江戸時代から各地で栽培されてきた一五〇を超える品種は、「長十郎」の登場により、大正末期にはそのほとんどが姿を消したのである。

「長十郎」のふるさとは神奈川県大師河原村《だいしがわら》（現川崎市川崎区出来野《できの》）である。大師河原とは、初詣の参拝客数全国三位を誇る川崎大師平間寺《へいけんじ》東側の多摩川南岸一帯をさす。

一八八九年（明治二十二年）、当麻辰次郎《とうまたつじろう》が自分の梨園でタネから育て実をならせた苗木の中に、変わった個体を見つけたときから、物語ははじまる。この木の果実を当麻が「長十郎」の名で販売し始めたのが、一八九三年（明治二十六年）。当麻家の屋号が長十郎であったため、この名がつけられた。当時大師河原村では、オリジナル品種に屋号をつけるのがはやっていた。

一八三〇年（文政十三年）に完成した『新編武蔵風土記稿《ふどきこう》』巻之五十八には、ナシについて「川崎領ヨリオシナベテ作出ス。ソノ種類甚《はなはだ》多シ。コレハ近キコロヨリ多ク種ルト云」という一節がある。

これほどまでにナシ農家は新品種の発見に熱をあげており、小島六郎左衛門《こじまろくろうざえもん》の「太平《たいへい》」、倉形幸蔵《くらかたこうぞう》の「幸蔵」、石渡新七《いしわたしんしち》の「真鍮《しんちゅう》」などが一時代を築いていた。「長十郎」はこれらの品種に埋もれてか、発売当初はさして評判にならず、生産量も限られていた。

ところが、四年後に状況を一変させる出来事が起きる。

一八九七年（明治三十年）の黒斑病《こくはんびょう》の大流行である。糸状菌《しじょうきん》（カビの一種）によって果実が腐る黒斑病が全国のナシ産地に壊滅的なダメージを与えた際に、「長十郎」だけがあまり被害を受けずに収量を維持したのである。こうなるともうまわりが放っておかない。「長十郎」は一気に期待の新品種として、ナシ農家にその名が知れ渡ることとなった。

そのころまでは新しい品種に生産を切り替える場合には、古い品種の木を切り倒し、代わりに新品種の穂木《ほぎ》が接ぎ木された若い苗木を植えるのが一般的であった。当然のことながら若い苗木からすぐに大量の果実が採れるわけはなく、それ以前の生産量に戻すまでには一〇年近くかかるのを覚悟しなければならなかったのである。

接ぎ木のはじまり

接ぎ木は紀元前二〇〇〇年ごろに中国で発明されたとされる。貴重な株を増やそうとその枝を切り取って地面に挿し木したくなる気持ちならよくわかる。だが、枝の移植手術といえる接ぎ木という着想はいったいどこから得たのだろうか。

これについては、自然界でもまれに起こる異なる株の枝同士が接合した状態を見て、人為的にやってみたのがはじまりだと考えられている。

ナシの接ぎ木についてのもっとも古い記述は、紀元前三〇〇年ごろに書かれたギリシャのテオフラストスの『植物誌』にある。アリストテレスの一番弟子であったテオフラストスは、当時を代表する哲学者であり博物学者でもあった。没後約二〇〇〇年後に、「分類学の父」リンネが「植物学の祖」の名を献じたことでも知られる。ギリシャではこの記述が残される以前に、ナシの接ぎ木が技術的に確立していたことになる。

それでは日本ではどうだったのだろう。平安時代、醍醐《だいご》天皇が作らせた『延喜式《えんぎしき》』に、接ぎ木についての記述がある。『延喜式』とは、九二七年（延長《えんちょう》五年）に完成した五十巻からなる養老律令《ようろうりつりょう》の施行細則である。

『延喜式』巻三十九の内膳司《ないぜんし》には、次のような条文が記されている。内膳司とは天皇家の食糧を準備、調理する職務であり、そこに「雑の菓樹四百六十株を植えよ」とあるのである。場所は大内裏《だいだいり》にほど近い京北園地、いまの左《さ》京《きょう》区一条《いちじょう》通《どおり》のすぐ北あたりであったであろうとされている。

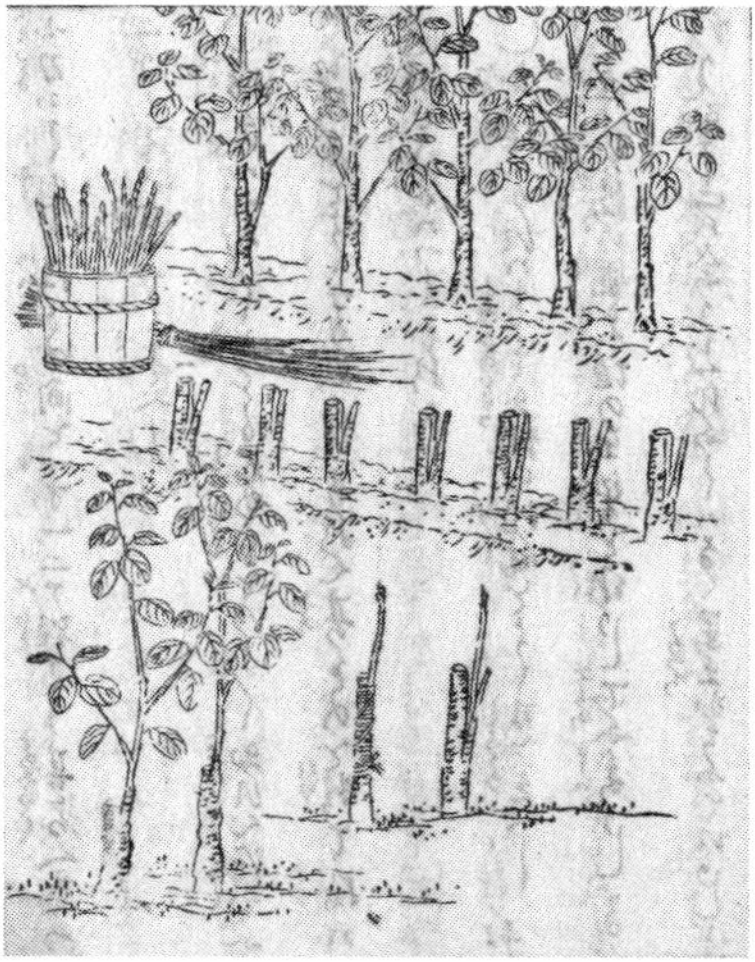
図表4　『広益国産考』に描かれたナシの接ぎ木（国立国会図書館蔵）

実際のところ、四六〇株の内訳まで細かく定められていた。これらが何の木で何株ずつぐらいだったかを想像してみてほしい。

原文をそのまま引用すると、「続梨百株、桃百株、柑四十株、小柑四十株、柿百株、橘二十株、大棗《なつめ》三十株、郁三十株」なのである。最後の郁は、アケビによく似たムベである。重要度は並び順で表され、株数に比例していると考えられる。

さらに別の観点からも、ナシは特別扱いされている。梨の前だけについている続は、接ぎ木を意味する。すなわち八種類の果樹の中で、ナシだけが接ぎ木され、残りの七品目は挿し木か種子で増やされていたことがわかる。ナシの枝は発根しにくいため、挿し木での増殖がとても困難で、優れた個体を増やすには接ぎ木しか手がなかったのである。

古代ギリシャでは、ナシよりも先に接ぎ木が行われた植物の記録があるが、日本ではナシが最古の記録になっている。このことからも日本人のナシに対する思いの深さが伝わってこよう。

新品種普及の新技術

明治時代後期は、日本の農業技術が急速に進歩した時期である。果樹においては、一九〇七年(明治四十年)ごろに「高接ぎ更新」という新技術が一般化したことが大きい。これは木自体を植えかえるのではなく、もともと植えてあった木の枝に新品種の穂木を接ぐという革新技術であった。古い品種の木を切り倒し、台木に穂木を接いだ苗木に植えかえる従来法の約半分の期間で、新品種の安定生産を可能にしたのである。この新技術が新品種への切り替えに大きな影響を及ぼすことになる。

高接ぎ更新によって「長十郎」は一気に日本中の産地に広まり、その後一九五〇年代に栽培面積で「二十世紀」に抜かれるまで、半世紀近く不動のナンバーワン品種であり続けた。
川崎大師には、当麻辰次郎の功績を称えた「種梨遺功碑」という大きな黒い石碑がある。

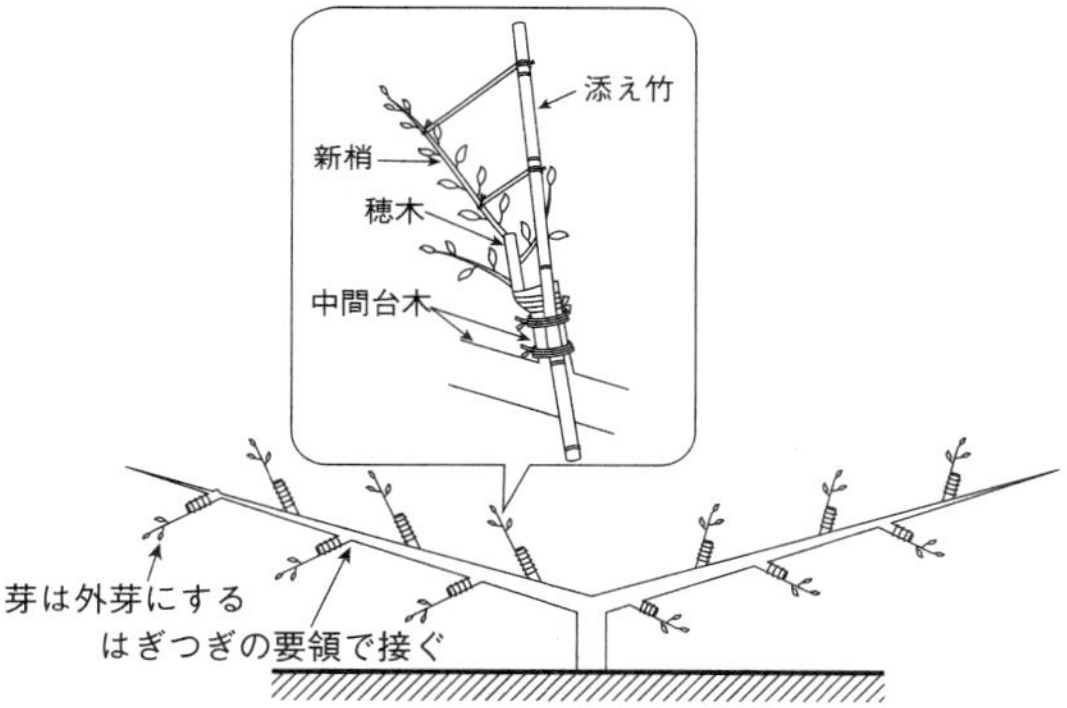

図表５　高接ぎ木苗の模式図

　川崎や畠《はたけ》は梨の帰り花

こちらは子規が一八九四年（明治二十七年）に川崎大師を参拝した後の句である。
子規は他にも次のような句を詠んでいる。

　梨むくや甘き雫《しずく》の刃《やいば》を垂るゝ
　日毎《ひごと》日毎十顆《か》の梨を喰《くら》ひけり
　川崎や小店〳〵の梨の山
　極上々あわ雪と記す梨の札

一八九六年（明治二十九年）時点で「淡雪」の品種名をあげた子規は、一九〇二年（明治三十五年）に三十四歳で亡くなるまでに、はたして「長十郎」を口にできたのであろうか。

答えは、すでに寝たきりとなった子規が死の前年に詠んだ句にあった。

　　吾《われ》ヲ見舞フ長十郎ガ誠カナ

長十郎の第二の人生

甘いうえに丈夫で豊産性の「長十郎」は、かつて日本中の梨生産者にとってかけがえのない存在であった。ところが「長十郎」も大きな欠点をひとつ抱えていた。それは日持ちの悪さである。リンゴでもいわれる「ボケる」という状態が、すぐにきてしまう性質だったのである。

収穫したては、シャキシャキよりもガジガジやゴリゴリのほうがしっくりくる食感も、採って五日も経たずに果肉が軟らかくなり、一気に鮮度を失ってしまう。それもただ食感が悪くなるだけでなく、甘味まで失ってしまうため、じつは流通泣かせの品種であった。

「長十郎」が病気に弱い「二十世紀」にとって代わられたのは、この点で圧倒的な差をつけられたからなのである。

いまや店頭で「長十郎」を見かけることはまずない。いまもって「長十郎」を特産品にしている宮城県宮城郡利《り》府《ふ》町《ちょう》などは、例外的な産地といえる。

しかし「長十郎」を幻の品種と呼ぶのはまだ早い。もしあの昔懐かしい食感と甘味を味わってみたければ、梨狩りに行けばよい。市場出荷はしていないが、貴重な受粉樹として梨園には「長十郎」が残されている場合もある。

ナシは基本的に、同じ品種の花粉がめしべに受粉しても実をつけない自家不和合性《じかふわごうせい》と呼ばれる性質を有する。そこで生産者は、生産したい品種の他に、人工授粉用の花粉を集めるための別の品種も、園内に植えておくものなのだ。「長十郎」は花粉の量が多いうえに、「幸水」や「二十世紀」ととても相性がよいため、人知れずいまも活躍し続けているのである。

長十郎の宿命のライバル二十世紀

もうほとんど栽培されていない「長十郎」に対し、「二十世紀」は現在でも「幸水」、「豊水《ほうすい》」、「新高《にいたか》」に次いで堂々第四位に踏みとどまっている。

「二十世紀」のうまさが注目されるようになったのは、「長十郎」に遅れることわずか八年であったが、生産量でライバルと認められるまでには四〇年を要した。この間「長十郎」はまさに当代無比の存在であった。「二十世紀」が長く足踏みしたのは、のちに黒斑病と名づけられる病気に非常に弱かったせいである。黒斑病はひどければ、その年の収穫を諦めざるを得ない状況になる。

終戦後から昭和五十年ごろまでの約三〇年間は、まさに東の赤ナシ「長十郎」、西の青ナシ「二十世紀」の両雄が並び立った時期であった。赤ナシは皮が茶色、青ナシは薄緑色の品種のことをいう。そして黒斑病の防除方法確立を契機に、ついに「二十世紀」がナンバーワンの座を奪い取り、一九八九年（平成元年）に「幸水」にその座を譲るまで二〇年間弱その地位を守り通したのである。

このように「長十郎」一強時代を終わらせたのは「二十世紀」だったわけだが、「二十世紀」が歴史に登場したのは、じつは「長十郎」よりも一年早い一八八八年（明治二十一年）であった。

世紀の大発見をした少年・松戸覚之助

東京と多摩川で隔てられた神奈川県川崎市で生まれた「長十郎」に対し、「二十世紀」は東京と江戸川で隔てられた千葉県松戸《まつど》市で生まれた。「二十世紀」の物語は、一八八八年（明治二十一年）、東葛飾《ひがしかつしか》郡八柱《やはしら》村（現松戸市）の少年松戸覚之助《かくのすけ》が、偶然見つけたナシの幼木を自宅に持ち帰り、育て始めたときから始まる。

松戸覚之助はこのとき十三歳。近くに住む親戚石井佐平の家に遊びに行ったときのことだった。落ち葉や野菜くずが山になったゴミ溜《だ》めで、生え育った幼木を見つけたのである。ちょうど両親が二年前にナシ生産を始めたばかりであり、覚之助もナシに対して強い興味と漠然とした使命感を抱いていたのだろう。手にした種子や苗を自分で育ててみたがるのは、植物好きの子供にとってはごく自然な行動だ。

ナシは通常タネを播いてから五年ほどで実をつける。ところが、覚之助が可愛《かわい》がり育てたこの幼木は病気に弱く、なかなか実を結ばなかった。待望の果実がなったのは、一〇年後の一八九八年（明治三十一年）で、覚之助は二十三歳になっていた。

その実を食べた者は一様に驚きを隠せなかったという。覚之助がついにならせた果実は甘く多汁であったことに加えて、ナシ特有のザラザラ感が少なかったからである。その口あたりのよさは、従来のナシのイメージを一新させるほどであった。そこで覚之助のナシは、当時人気があった青ナシ「太白」にあやかって、「新太白」と名づけられた。

「二十世紀」もまた「長十郎」と同様に、誰かが意図的に交配して作り出した品種ではなく、来歴不明の偶然発見された個体なのである。

時代を味方につけた二つの出来事

黒斑病の大発生をきっかけとして、一気に全国で生産されるようになった「長十郎」とは異なり、「新太白」は他を圧倒するうまさに期待が集まったものの、なかなか広まらずにいた。病気に弱く栽培しにくい性質が足かせになったためである。

追い風が吹いたのは日露戦争が始まった一九〇四年（明治三十七年）。「二十世紀」への改名を契機に、急速に全国に広まっていく。この斬新な品種名を考えたのは、「新太白」のうまさに惚《ほ》れ込んだ苗生産販売会社東京興農園の渡瀬寅次郎《わたせとらじろう》と東京帝国大学助教授池田伴親《いけだともちか》の二人であったとされる。

渡瀬寅次郎は札幌農学校（現北海道大学）の一期生、すなわちクラーク博士の日本における最初の教え子であり、日本初の農学士一三名のうちのひとり。二期生の新渡戸稲造《にとべいなぞう》や内村鑑三《うちむらかんぞう》は、渡瀬の後輩にあたる。

渡瀬は一八九二年（明治二十五年）に赤坂溜池町《あかさかためいけ》（現港区《みなと》赤坂一丁目）外堀通り《そとぼりどお》沿いに、種苗や農機具を生産販売する東京興農園を立ち上げ、二年後には『興農雑誌』という専門誌を創刊する。最新の品種や技術を紹介し、販売もするこの月刊誌は、男爵薯の生みの親・川田龍吉や宮沢賢治《みやざわけんじ》も購読していた。

『興農雑誌』一九〇四年（明治三十七年）一一月号では、渡瀬は見開き二ページを割き、「驚くべき優等新梨（新太白）の紹介」という見出しで「新太白」を大々的に宣伝している。その特徴の具体的な説明は、「口あたりが西洋梨のような驚くべき新品種である」であった。

翌一九〇五年（明治三十八年）一月号からは品種名が「廿世紀《にじっせいき》」に変わっているため、この二ヶ月間で改名をともなうマーケティングについて話を詰めた様子がうかがえる。その後は果実のイラストとともに毎号「廿世紀」の苗木の宣伝がなされた。苗木代は、「長十郎」の四銭に対して約六倍の二五銭であった。だがこの価格差をものともせず、世紀の変わり目に日露戦争の戦勝ムードが重なったこともあり、「二十世紀」は一気に時代を味方につけることになるのである。

また、それまでは全国区の青ナシが存在しなかったこともあり、見た目の新鮮さも「二十世紀」の名のイメージに合致した。改名は大正解だったといえよう。

松戸覚之助はナシの研究者としても第一人者となり、一九〇六年（明治三十九年）に出版した『実験応用　梨樹栽培新書』は、当時もっとも詳しいナシの解説書であった。

千葉県松戸市には二十世紀が丘という住宅街がある。地名の由来は、もちろん「二十世紀」が発見された場所にちなむ。そしてかつて原木があった場所は二十世紀公園として整備され、「二十世紀誕生の地記念碑」も建てられた。と、ここまではよくある話だが、「二十世紀」の場合はこれだけでは終わらなかった。

一九八一年（昭和五十六年）に二十世紀が丘を冠名とした町が七つできた際に、この地の住所は二十世紀が丘梨元町《なしもとちょう》と名づけられたのである。

二十世紀は鳥取県の県花

鳥取県の人口は四七都道府県中最下位であるにもかかわらず、ナシ生産量では千葉県、茨城県、栃木県、福島県に次ぐ第五位である（平成二十八年農林水産統計）。現在の生産量シェアは約八％にとどまるものの、二〇〇一年（平成十三年）までは長くトップに君臨していた。

海外輸出されるナシについては、いまだにほとんどが鳥取県産である。さらにいまでも世帯当たりのナシの購入数量は鳥取市が日本一であったり（総務省統計局家計調査、平成二十五―二十七年平均）、県花が「二十世紀梨の花」になっていたり、ナシの話題性では鳥取県がナンバーワンだと言い切りたい。

そもそも鳥取県のナシ生産は、「二十世紀」に始まり、いまもって「二十世紀」とともにある。「二十世紀」の生産量に限れば鳥取県は他を圧倒する日本一であり、その量は全国生産量の半分を占めるほど。しかも県内のナシ生産量の七割を超えている。一方でナシ生産量トップの千葉県は、「二十世紀」が生まれた地であるにもかかわらず、「二十世紀」の県内生産量は微々たるもので、鳥取県のわずか一・三％にすぎない。

「二十世紀」の欠点は黒斑病に弱いことに尽きる。黒斑病にかかると果実は出荷できなくなってしまうため、「幸水」の登場により全国で一斉に「二十世紀」離れが起きた。

ところが、鳥取県だけは「二十世紀」生産にこだわり続けたのである。これには、「二十世紀」が他の品種よりも土壌《どじょう》の乾燥に対して強かったことも影響した。

「二十世紀」の苗木が鳥取県に植えられたのは、「新太白」が「二十世紀」に改名された年、一九〇四年（明治三十七年）であった。松戸覚之助から購入した一〇本の苗木を、北脇永治《きたわきえいじ》が鳥取市桂見《かつらみ》の自らの果樹園に植えたのがはじまりである。このうち三本はいまも健在で、県の天然記念物になっている。

黒斑病は一九一五年（大正四年）には全国的に蔓延し始め、他県では「二十世紀」の生産を断念する農家が出てきた。一方鳥取県では、一九二〇年（大正九年）ごろにリンゴや養蚕から

「二十世紀」に転換する農家が増えていく。だが一九二二年（大正十一年）、ついに鳥取県でも黒斑病が全県で発生する事態に追い込まれてしまうのである。他県と異なりこのときに鳥取県が「二十世紀」生産を諦めず、いまだに特産品としての価値を保っていられるのは、北脇が県や国に猛烈に働きかけ、黒斑病対策を推進させていたからにほかならない。

北脇はまず、一九二一年（大正十年）に開校したばかりの鳥取高等農業学校（現鳥取大学）を動かす。教授として着任した菊池《きくち》秋雄《あきお》がナシの大家であっただけでなく、「二十世紀」に惚れ込んだ男であったことも幸いした。菊池は「農業は実学」という理念を学内に根付かせようと、先頭に立って黒斑病対策に取り組んだ。

これだけではない。北脇は、黒斑病の原因を解明し梨黒斑病と命名した農商務省農事試験場の卜蔵《ぼくら》梅之丞《うめのじょう》までをも、県の対策チームに加わらせてしまう。彼らの働きにより、県内各地でパラフィン紙による果実の袋かけが急速に普及し、黒斑病を抑えられるようになった。加えて東日本よりも西日本の気候が「二十世紀」に適していたこともあり、一九二八年（昭和三年）、ついに「二十世紀」の安定生産が可能になったのである。

渡瀬寅次郎が『興農雑誌』で紹介してから二四年、松戸覚之助のもとで初めて実をならせてから三〇年がすぎていた。

突然変異で生まれた二十世紀の改良品種

「二十世紀」からは、「おさ二十世紀」と「ゴールド二十世紀」という改良品種が突然変異で生まれている。「おさ二十世紀」は、自分の花粉では結実することがない「二十世紀」が、自分の花粉で結実するようになった品種であり、「ゴールド二十世紀」は、病気に弱い「二十世紀」が耐病性を獲得した品種である。

「おさ二十世紀」は、鳥取県東伯《とうはく》郡泊《とまり》村（現湯梨浜《ゆりはま》町）の長《おさ》信義のナシ園で、ある枝だけが異なる性質を示す枝変わりとして発見され、一九七九年（昭和五十四年）に品種登録された。自家結実性に変わったということは、人工授粉という短期決戦かつ労力のかかる重要作業を省ける性質を「二十世紀」が獲得したことになる。もちろん、果実の特性を含めて他の性質は「二十世紀」とまったく同じである。

ナシの中で「おさ二十世紀」が初めて自家結実性を獲得したことにより、この優れた特徴を持つ品種を計画立てて育種できるようになった。鳥取大学の「秋栄《あきばえ》」と鳥取県園芸試験場の「秋甘泉《あきかんせん》」は、どちらも「おさ二十世紀」の子供にふさわしく自家結実性を持つ省力品種である。

ゴールド二十世紀とおさゴールド

「二十世紀」のもうひとつの突然変異品種である「ゴールド二十世紀」は、茨城県常陸大宮《ひたちおおみや》市にある国の放射線育種場で発見された。放射線育種場は品種改良のための有用突然変異を誘発させる施設として、国内唯一のガンマーフィールドを有する。

図表6　ガンマーフィールド（2019年6月運用停止）
（写真・農研機構）

ガンマーフィールドとは、中央にガンマ線照射塔が設置された半径一〇〇メートルの真円の畑であり、照射塔から植え付けた場所までの距離によって照射線量をコントロールする仕組みになっている。植物種によってどのくらいの距離でどのくらいの期間照射されると突然変異が起きやすいか、またどのような変異が起きるかを研究しているというわけだ。

照射塔の位置から周囲を眺めると、まるで自分がクレーターの中心にいるかのような気分になる。というのも、平らな円形圃場は、全面が高さ八メートルの土手で取り囲まれているからだ。一本ある通路にしても見上げるような高さの門で仕切られている。これは自然環境へのガンマ線の影響を抑えるための措置である。航空写真では、同心円上の幾何学模様とその周囲を取り囲む林のコントラストが、さながら古代の地上絵のようにも見える。

このガンマーフィールド最大の成果のひとつが「ゴールド二十世紀」なのである。

一九六二年（昭和三十七年）にガンマーフィールドに植えられた「二十世紀」のうち、もっとも線源に近い樹に黒斑病の病徴が見られない一枝が発見される。苗木を定植してから一九年経った一九八一年（昭和五十六年）のことであった。その後八年かけて、その性質が安定して発現することが確認され、一九九〇年（平成二年）に「ゴールド二十世紀」と名づけられた。

このゴールドには金の価値という意味が込められている。「二十世紀」は、一〇二年かかって最大の欠点を克服し、殺菌剤の散布回数はオリジナル「二十世紀」の半分で済むようになった。

「おさゴールド」は、名前からも想像がつくように、「おさ二十世紀」と「ゴールド二十世紀」のいいとこ取りを狙って開発された。育種目標は、授粉作業が不要でなおかつ黒斑病にかかりにくいという、いわば究極の「二十世紀」である。

「おさゴールド」は「ゴールド二十世紀」と同様に、「おさ二十世紀」にガンマ線を照射して、狙い通り、ある程度の黒斑病抵抗性を獲得した。「おさゴールド」は放射線育種場と鳥取県園芸試験場との共同研究成果として、一九九七年（平成九年）に品種登録されている。

神様のいたずらで生まれた「おさ二十世紀」に対し、「ゴールド二十世紀」と「おさゴールド」は科学の成果だといえよう。

鳥取県で生産されている「二十世紀」は、約四割がオリジナルの「二十世紀」ではない。「ゴールド二十世紀」や「おさゴールド」が、「二十世紀」の名で売られているのである。裏を返せば、いまだに本家「二十世紀」が約六割を占めていることになる。これはいったいどういうことなのだろうか。

より甘い「幸水」の登場で消費者が、「二十世紀」の味をもの足りないと感じ始めてしまったからなのである。

自分の代で生産を止めると決めているのに、新品種の二十世紀に切り替える生産者はいない。それも果実の品質に進歩がないとなればなおさらである。

新品種の価値を決めるのは生産者と消費者であり、開発側ではない。顧客の期待値を下回った途端に、どんな改良も意味を失う。つまり品種改良が進み親品種の優位性が薄れてしまうと、突然変異育種で得られる品種の必要性は、一気に下落してしまうものなのだ。

研究と商品開発、このバランスが研究に偏りすぎてはいないか。世の中の変化によって、それまでの顧客志向が自分の知的好奇心を満たすための自己欺瞞《ぎまん》に変わりかねない時ほど、開発者の良心が問われる瞬間はない。

ナシ育種の神様・菊池秋雄

鳥取高等農業学校教授として黒斑病対策の陣頭指揮をとった菊池秋雄は、「二十世紀」に惚れた男のひとりである。そして渡瀬寅次郎や池田伴親以上に時代の先を読む力を持っていたと考えられる。なぜなら「二十世紀」の改良に最初に取り組んだからだ。

じつのところ菊池は、公的機関による本格的なナシの育種を最初に始めた人物でもある。それも農業試験場でも大学でもなく、東京府立園芸学校（現都立園芸高等学校）勤務時代に始めたのだから、驚くほかない。時は一九一五年（大正四年）、青森県農事試験場がリンゴの育種を始める一三年も前である。菊池の先見性と行動力は特筆すべきであろう。

一九〇八年（明治四十一年）に東京帝国大学農科大学を卒業し、園芸学校で教師をしていた菊池をナシ育種に駆り立てたのは、「二十世紀」の弱さであった。

枠にとらわれない育種家は強い。自分の思考の枠、仕事の枠、組織の枠。イノベーションを起こせるかどうかは、公益のために目の前の可能性に賭けられるかどうかだ。

一九一六年（大正五年）、菊池は神奈川県立農事試験場（現農業技術センター）に第四代場長として着任する。交配して得られた苗は、翌年から翌々年にかけて園芸学校から移された。そこで育種を続け、一九二七年（昭和二年）に「八雲《やくも》」、「菊水《きくすい》」、「新高」の三品種を発表する。「八雲」が早生の青ナシ、「菊水」が中生《なかて》の青ナシ、「新高」が晩生《おくて》の赤ナシであった。特に「菊水」は黒斑病への抵抗性を持つ「太白」に「二十世紀」を交配して得られた、自信の品種であったという。

「菊水」はたしかに黒斑病への抵抗性を有しており、一時は「二十世紀」に代わる期待の青ナシとして生産量は急増した。だが「二十世紀」よりも日持ちが劣っている点が流通から嫌われていたので、「二十世紀」の黒斑病防除法が確立したことで、栽培されなくなってしまった。

いまでも「菊水」がまとまった量生産されているのは、大分県だけである。

「〇水」という品種がナシには多い。「幸水」、「豊水」のトップ２を筆頭に、「菊水」、「新水《しんすい》」、「長水《ちょうすい》」、「恵水《けいすい》」、「南水《なんすい》」、「筑水《ちくすい》」、「喜水《きすい》」、「陽水《ようすい》」、「生水《いくすい》」、「福水《ふくすい》」、「明水《あけみず》」、「寿新水《ことぶきしんすい》」、「愛甘水《あいかんすい》」、「静喜水《しずきすい》」とたくさんある。

たしかに「水」の一字ほど、みずみずしいナシのイメージを伝えるのに適した漢字はない。

その「〇水」の元祖が「菊水」だったのである。菊池はネーミングのセンスでも抜きん出た育種家であったといえよう。

新高の名の由来と韓国のナシ事情

「新高」は生産量第三位の赤ナシである。重さが五〇〇グラムを超える大玉品種では、一番人気だということになる。青ナシではなかったが「二十世紀」を抜き、菊池秋雄最大のヒット作となった。菊池は『果樹園芸学』の中で、一九三四年（昭和九年）の栽培面積は、「長十郎」、「二十世紀」、「早生赤《わせあか》」、「晩三吉《おくさんきち》」、「菊水」、「八雲」の順であったと記している。さらに、普及の出だしは「菊水」と「八雲」がよかったと述べているため、現在の「新高」人気は本人も予想外の展開かもしれない。

交配は「菊水」と同じとき、一九一五年（大正四年）に東京府立園芸学校で行われている。父親は「天の川《あまのがわ》」で、母親が「長十郎」である。命名されたのも同時であるから、いまの主要品種の中では「二十世紀」に次ぐ長寿品種だということになる。

「新高」の名の由来は、当時日本の領土であった台湾最高峰の山、標高三九五二メートルの新《にい》高山《たかやま》（台湾名玉山《ぎょくざん》）からとられた。日米開戦の暗号電文「ニイタカヤマノボレ」で使われた山である。リンゴの「ふじ」と同様に、日本一の品種になれとの期待を込めて名づけられた。

韓国人は日本人以上のナシ（和梨）好きである。生食用では特に「新高」の人気が高く、韓国でのシェアは八五％に達するほどだ。「新高」以前は、「長十郎」がその地位を占めていた。

韓国人ひとり当たりのナシの消費量は、じつに日本人の約四倍にも及ぶ。結果的に、総生産量も日本より多くなっている。

理由は単純で、ナシはキムチの漬けダレの原材料として使われるためだ。なお、キムチ用としては、いまも「長十郎」が大量に生産されている。キムチブームのころと比べれば、韓国産キムチの輸入量は大きく数字を落としているが、韓国産キムチに紛れ込み、「長十郎」はいまだに一年中日本の食卓に上っているという見方もできるのである。

落ちこぼれ品種から日本一になった幸水

真夏の日差しと暑さに刺激され大脳がナシを欲しがるころ、「幸水」は収穫期を迎える。滴る透明な果汁、キレのよい甘味、舌と耳とが同時に喜ぶシャリシャリ感。幸水とは、よくもまあうまく名づけたものだ。

「幸水」は、「二十世紀」の次に生産量一位にのぼりつめた品種である。トップを獲《と》ったのは一九八九年（平成元年）だから、すでに三〇年がすぎようとしている。果実に病斑をつくり、出荷ができなくなるほどの被害をもたらす黒星病《くろほしびょう》に、主要品種中もっとも弱いという欠点がありながらも、まだまだ他の品種にその座を譲る気配はない。

国の試験場で育成された「幸水」は、同時期にデビューし、開発期間もほぼ同じリンゴの「ふじ」のように、そのおいたちについて語られることはほとんどない。育種サイドの期待に反して普及に際しての初期評価が芳しくなかったのは、どちらも同じだったにもかかわらずである。

違いは、育種サイドが意地を貫き通せたか否かの差にあった。

国によるナシの育種は一九三九年（昭和十四年）に始められ、一九五五年（昭和三十年）には最初の二品種、赤ナシの「雲井《くもい》」と青ナシの「翠星《すいせい》」が発表された。「幸水」はこれらに続く三番目の品種である。

「幸水」の歴史は一九四一年（昭和十六年）に遡る。アメリカに宣戦布告した年に静岡県清水《しみず》市（現静岡市清水区）興津《おきつ》の園芸試験場（現農研機構果樹茶業研究部門カンキツ研究興津拠点）で、「菊水」に「早生幸蔵《わせこうぞう》」が交配されたのがはじまりだ。「幸水」も「ふじ」同様、戦後の大混乱期をくぐりぬけて育成され、一九五九年（昭和三十四年）に期待の新品種として発表された。

ところが、黒斑病抵抗性品種であるうえに、「長十郎」、「二十世紀」よりも早生で甘く食感も優れていたにもかかわらず、まったく普及しなかったのである。理由は三つの大きな欠点を持つことにあった。

まずは、両親よりも黒星病に弱くなってしまっていることがわかったこと。次に、そもそも「長十郎」、「二十世紀」よりも収量が劣ったこと。とどめは、一般的な剪定《せんてい》方法ではさらに収量が落ちてしまう栽培のしにくさであった。このせいで「幸水」は奨励品種になれず、品種名もつけられずに人工授粉用の花粉を採るための補助品種として、かろうじて淘汰《とうた》を免れた存在であった。

幸水の才能を開花させたのは埼玉県

国に見放された「幸水」が頭角を現せたのは、その才能を信じ、開花させようと支援し続けた人たちが外部にいたおかげである。その支援者は、県別出荷量第八位の埼玉県の生産者と県農業試験場であった。

埼玉県が「幸水」に賭けたのは、そうせざるを得ない事情があったためである。

それは千葉県と茨城県の存在だ。埼玉県の主要産地は千葉県の主要産地よりも北に位置するため、同じ品種を生産していては千葉県より出荷時期が遅れ、勝ち目はない。また出荷時期が重なる茨城県は、都市化の影響で生産量を落とす埼玉県とは逆に生産量を伸ばしてきていた。

埼玉の産地が生き残るには、千葉、茨城よりも先に早生の新品種を量産するしかない。そこで採り上げられたのが、欠陥品種「幸水」だったというわけである。「幸水」に最初に目をつけたのは、埼玉県農業試験場（現農業技術研究センター）に着任したばかりの猪瀬敏郎《いのせとしろう》であった。

猪瀬は一九五一年（昭和二十六年）に試作を始め、一九五七年（昭和三十二年）にはこの試作系統に賭けるしかないと確信する。「幸水」と命名されたのは一九五九年（昭和三十四年）であるから、品種名がつけられる八年も前のことであった。

じつのところこの系統の苗自体は、一九四九年（昭和二十四年）から主要産地の県試験場に配布されていた。ところが主要産地ではない埼玉県には配られることはなかった。そこで猪瀬はこれをわざわざ導入しただけでなく、他の県に先んじて栽培技術の確立に組織的に取り組んだのである。

これが功を奏し、一九六三年（昭和三十八年）には「幸水」の基本的な栽培技術を見出《みいだ》す。他県が「幸水」を見限る中、埼玉県は「幸水」の産地として攻勢に出ようとした。ところが、この時点では「幸水」を完全に作りこなすまでにはいたっておらず、収量は安定しなかった。いくらうまい果実が採れても量が採れなければ、生産者は苦しむだけである。

本当の意味で「幸水」の栽培方法が確立されたのは、一九六七年（昭和四十二年）であった。川里村《かわさとむら》（現鴻巣市《こうのすし》）の生産者河野当一《こうのとういち》が、タブーとされる剪定方法からアプローチし、画期的な剪定技術を発明してくれたおかげだ。

果樹は先端から枝を深く切り落としてしまうと、花芽がつきにくくなる。ところが「幸水」の場合は、逆にこうすることで花芽をたくさんつけさせることに成功したのである。

一癖ある新品種の栽培技術は、多くの場合、育成者によってではなく生産者によって確立される。結果として、千葉県に対する対抗策は埼玉県の狙い通りに運んだのである。

ナンバーツー豊水のおいしさ

生産量第二位の「豊水」は、「幸水」に「平塚《ひらつか》1号」を交配して育成された。母親の「幸水」には大きく差をつけられているが、まだシェアを伸ばす可能性が残されているとわたしは期待している。「幸水」にはない「豊水」独特の酸味のきいた味のよさに、気づいていない人がまだまだいるに違いないからだ。

客観的に見ても、味のブラインドテストでは「豊水」に軍配が上がる。「幸水」は早生品種の宿命で日持ちが悪いが、「豊水」はそのようなことはない。大きさや形、果皮の色まで含めて高級感があり、見た目でも明らかに勝っている。また、「幸水」のような特殊な剪定技術も必要ない。ただし「豊水」は、果肉が透明になるみつ症を起こしやすい性質があり、それを克服する栽培技術が必要である。

主要品種の中で一番早生の「幸水」は、初物《はつもの》という看板をひっさげられることもあって、人気が高いのはしかたがない。だが気になってしまうのは、ナシを食べるのは「幸水」の旬のときだけという人が相当数いそうなことだ。シンプルなうまさの「幸水」だけで満足していてはもったいない。その後に収穫期が続く中生の「豊水」以降は、味わい豊かな品種が次々登場するのだから。

ナシには第二、第三の旬がある。

業界あげてこうアピールしてほしいものである。

スーパーエリートあきづき

「あきづき」は、農研機構果樹試験場が育成した業界期待の赤ナシである。

交配は一九八五年（昭和六十年）。「新高」と「豊水」から得られた個体が母親で、父親が「幸水」である。品種登録は二〇〇一年（平成十三年）であった。

トップ3すべての血を引いているのだから、ナシ界のサラブレッドといってよい。デビュー後順調に栽培面積を増やし続け、品種別生産量も五位まで番付を上げており、スピード出世そのものだ。四位の「二十世紀」との差はまだ開いているが、それも時間の問題だと思わせる勢いがある。

肉質は「豊水」よりも軟らかくまた酸味を感じさせないため、味や食感は「幸水」に近い。果実は「豊水」よりも大きいから、当然「幸水」よりもずっと大玉である。出荷時期は「豊水」と「新高」の間で、黒斑病抵抗性を持つ。つまり「あきづき」は主要品種でもっとも栽培しやすく、もっとも労力がかからない品種なのである。気になる欠点は、「豊水」同様のみつ症と、中晩生種としては日持ちが一〇日前後と短いことぐらいだろうか。

たしかに「あきづき」は、生産者向けにはスーパーエリートと呼ばれるだけの人気実力を兼ね備えている。だが「幸水」「豊水」の後でしか出荷できない点で、どうしても消費者への訴求力は半減してしまう。

名前の由来になったまん丸い果実の特徴を活《い》かして、「あきづきでお月見」ぐらいのプロモーションをしないと、先々供給過多になりそうな嫌な予感がする。

果樹生産におけるイノベーション

神奈川県農業技術センターが果樹生産にイノベーションを起こした。農業技術史に名を残すこの発明は、樹体ジョイント仕立て法という。

二〇一二年（平成二十四年）に特許を取得した樹体ジョイント仕立て法は、主枝を隣の樹に接ぐという接ぎ木の新技術である。その効果は絶大といいたくなるほどで、苗木が成熟して十分な収穫量を確保できるまでの期間が一〇年から五年に短縮できるうえに、剪定→受粉→袋かけ→収穫といった作業時間が二分の一から四分の三程度になるという。

ナシで開発された新技術であるが、ウメ、リンゴ、カキ、クリ等の他の果樹にも展開されている。

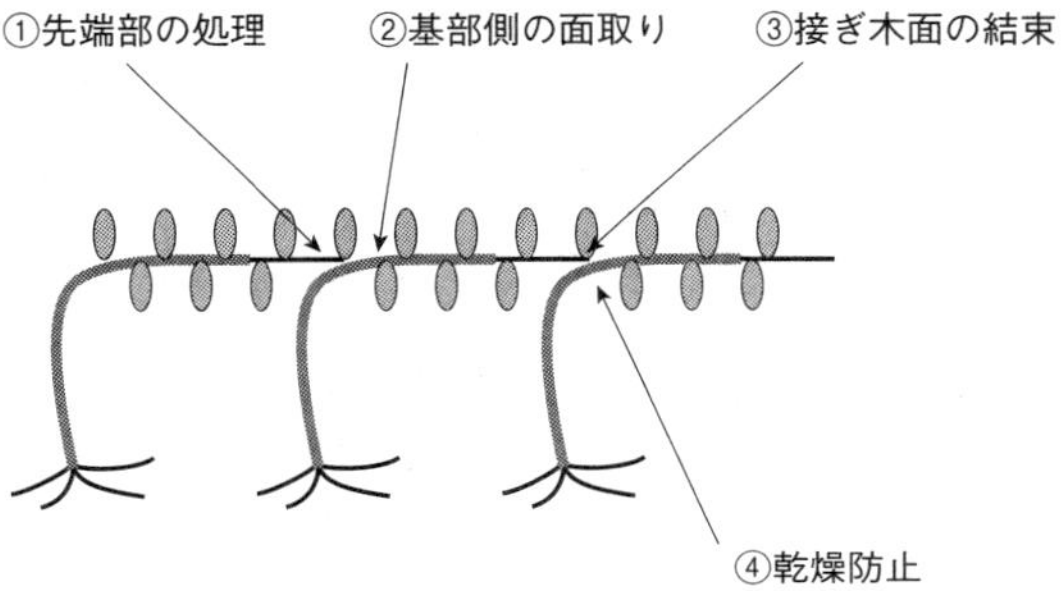

図表7　樹体ジョイント仕立て法の模式図

実際にどのような接ぎ木なのかというと、まずは四メートル以上の一本の棒状に伸ばした苗木を思い浮かべてほしい。それを二メートル間隔で植え、一・五メートルの高さで枝を水平方向に曲げて隣の樹の途中に接ぐのである（図表7）。整列した人が前の人の肩に手を置くとその手と肩の部分が結合し、体液が行き来して一体の生物のようになる状態とでも書けばわかっていただけるだろうか。こうして動物にたとえてみたらまるでファンタジーの世界だ。

接ぎ木のはじまりを思い起こせば、これとて自然界の奇跡をただ再現したにすぎない。「面白い」で始めた試みを「珍しい」で終わらせず、慣習を根本から変えさせるほどの技術にまで磨き上げたことこそ称賛したい。

樹体ジョイント仕立て法を開発した神奈川県農業技術センターの後輩たちに対して、菊池秋雄ならどのような言葉をかけるのかと想像すると、愉快になる。

果物の袋かけ

ナシ、リンゴ、ブドウ、モモ、ビワ、柑橘《かんきつ》、それからマンゴー。これらの共通点は何であろうか。

正解は、いずれも果実に袋かけをして生産する果物、だ。

袋かけは、おもに害虫と病気から果実を守るための栽培技術である。いまのように優れた殺虫剤や殺菌剤が存在しなかった昭和二十年代までは、袋かけが果樹園芸の土台を支えていたのである。

「袋掛」は夏の季語ともなっている。それではこの袋かけは、いったいいつ頃から行われるようになったのであろうか。

果樹の袋かけ栽培は、一般的には明治時代に始まったとされる。果樹園芸史でも、一八八六年（明治十九年）に岡山県御津《みつ》郡栢谷《かいだに》村（現岡山市北区栢谷）の山内善男が、モモに袋かけをしたのが最初だとしている。モモの次に袋かけが行われたリンゴでは、一八九一年（明治二十四年）に岩手県の中川良八が始めたのが最古の記録となっている。どちらも害虫防除が目的であった。

ところがどうもナシだけは、江戸時代にすでに袋かけが行われていたようなのだ。ただその目的や規模は、記録が残されていないためはっきりしない。

ナシ栽培は享保《きょうほう》年間（一七一六—三六）に盛んになり、日本各地に産地が生まれた。そしてそれぞれの地域で栽培技術に磨きがかけられていった。ナシ栽培について現存する最古の技術書は、一七八二年（天明二年）に越後国《えちごのくに》茨曽根《いばらそね》村（現新潟市南区）の阿部源太夫《あべげんだゆう》が記した『梨《り》栄造育秘鑑《えいぞういくひかん》』である。ただこの秘伝書に袋かけについての記述はない。

しかし栽培技術書でなければ、江戸時代に袋かけを行っていた様子を記録している文書はいくつか存在する。

まずは、国学者でもあり蘭学者でもあった深河元儁《ふかがわもととし》が一八四三年（天保十四年）に著した『房総《ぼうそう》三州漫録』があげられる。この中には、「市川《いちかわ》以往は大方沙地《さち》にて梨園多し。結実頃は渋紙を一々に掛けたり」と下総八幡《やわた》（現千葉県市川市八幡）の産地のことが記されている。

これを遡ること二十九年、一八一四年（文化十一年）に松平定能《まつだいらさだまさ》が編纂した『甲斐国志』にも、ナシの袋かけについての記載がある。巻之百二十三「産物及製造部」菓樹類の章に、葡萄《ぶどう》を差し置いて「本州第一ノ名品ニシテ四方ニ聞エタリ」と真っ先に青梨子の項が出てくる。その中で防虫対策としての目的とともに袋かけのタイミングまでが明確に記されているのである。

これ以前の記録となると、もう一八〇五年（文化《ぶんか》二年）に記された一七文字が残されているのみだ。

せみ啼《なく》や梨にかぶせる紙袋

ナシに限らず果物の袋かけについての最古の記述は、初夏に膨らみ始めた果実に袋かけをしている様子を表した、この俳句にたどりつくことになるのである。

詠んだ人物は、松尾芭蕉《まつおばしょう》に並ぶ俳人として、与謝蕪村《よさぶそん》とともに正岡子規にその名を広められた小林一茶《こばやしいっさ》であった。

もっともこの光景が梨畑なのか武家屋敷の庭なのかは、突き止めようがない。

千葉のナシ生産ことはじめ

関東のナシ産地で川崎に続いていち早く名をあげたのは、下総八幡であった。市川市はいまでも日本一のナシ生産額を誇るが、これは梨祖とあがめられる川上善六《かわかみぜんろく》（一七四二―一八二九）の功績が大きい。

川上善六は一七四二年（寛保《かんぽう》二年）に八幡大芝原《おおしばはら》（現市川市八幡二〜三丁目）で生まれた。市川周辺は砂地であったため、何を栽培するのも難しくとても貧しい地域であった。このような環境で育った善六は、同じ下総国で特産物を生産していた醤油《しょうゆ》の野田《のだ》や銚子《ちょうし》、落花生の八街《やちまた》に希望を見出す。市川砂洲《さす》と呼ばれる土地に向きそうな特産品を、甘酒の行商をしながら探し求めた結果、ナシにたどりつくのである。

善六はナシに狂ったと後ろ指をさされながらも、尾張《おわり》（現愛知県西部）、美濃（現岐阜県南部）を訪問し、その地で一番といわれる品種「美濃梨」の穂木を持ち帰る。中山道《なかせんどう》から甲州街道経由で市川に戻る途中、穂木を乾燥させて駄目にしないために、善六はある方法をとったと語り継がれている。

それは、道中の土地土地でダイコンを手に入れ、切り口に穂木を刺し替えながら持ち帰ったというのである。

言い伝えでは、善六は持ち帰った穂木を一七六九年（明和《めいわ》六年）に葛飾《かつしか》八幡宮（法漸寺《ほうぜんじ》）境内の梅の木に接いだことになっているが、ウメにナシは接げないため、おそらくあらかじめ境内で育てておいたナシの苗木を台木にして接いだはずである。三年後には数個の果実がなったという。

はたして善六が生産した「美濃梨」は、神田多町《かんだたちょう》の青物市場で高値で売れた。彼の成功を見て、各地から品種を持ち帰り栽培する者が増えていく。八幡梨のブランドは川上の死後、市川全域に広がった。そして文化年間（一八〇四―一八）には神田多町青物市場の遠州屋長兵衛が取り扱い、八幡梨を幕府御用達にしたのである。

「市川の梨」と「市川のなし」

千葉県のナシ生産量は全国一位で、二位茨城県の一・三倍である。ところが生産額では茨城県の一・九倍になる。なぜここまで差が広がるのかというと、千葉県産のナシの六～七割は直売所で売られるからなのである。この特徴は他県では見られない。果皮が傷つきやすい「かおり」の生産量が伸びている理由もここにある。

市町村レベルに目を移せば、生産額では市川市がトップで、栽培面積では白井《しろい》市がトップと、市川市と白井市が競っている状況である。このライバル二市の歴史を少しだけ掘り下げてみよう。

「市川の梨」と「市川のなし」は、地域団体商標としてJAいちかわが出願し、二〇〇七年（平成十九年）に特許庁に登録された。地域ブランドの保護を目的としたこの制度が施行されたのは二〇〇六年（平成十八年）であるから、JAいちかわの動きは早かった。ただ、上には上がいるもので、ナシでもっとも早く登録されたのは、JA東京みなみの「稲城《いなぎ》の梨」であった。

かつて「梨園《なしその》」と称えられた市川八幡には川上梨園（平蔵園）が残るのみで、生産地は市川市北部に移っている。市川市大町《おおまち》では、町内を東西に横切る国道四六四号線が大町梨《おおまちなし》街道と名づけられ、四・五キロメートルの間に約五〇軒もの直売所が立ち並ぶ。他では目にすることのない独特な光景だ。

大町の特徴として真っ先に気づくのは、「大〇園」という屋号が多いことである。直売所を設けているナシ園だけでも、大庄《だいしょうえん》園、大政《おおまさ》園、大津《おおつ》園、大倉《おおくら》園、大藤《だいとう》園、大新《だいしん》園、大治《だいじ》園、大亀《だいかめ》園、大佐《だいさ》園、大三《だいさん》園、大重《だいじゅう》園、大高《おおたか》園、大利《だいり》園、大儀《だいぎ》園、大百《だいびゃく》園、大竹《おおたけ》園、大仲《だいなか》園、大《だい》忠《ちゅう》園、大徳《だいとく》園、大銀《だいぎん》園、大彦《だいひこ》園、大岡《おおおか》園、大富《おおとみ》園と続く。三文字に限らなければ、大善《だいぜん》果樹園、大栄《だいえい》梨園、大広《だいこう》梨園、大豊《だいほう》梨園も該当する。

ご想像の通り「大」は大町を表している。昔から大町の梨がブランド品であった証《あかし》である。というよりも、「八幡梨」の知名度に近づこうと個々の生産者が努力を重ねてきた誇りが込められているのだろう。

しろいの梨

一方の白井市の「しろいの梨」が地域団体商標として登録されたのは、二〇一四年（平成二十六年）。この点だけを取り上げてみれば、老舗の暖簾《のれん》にまだ引け目を感じているようにも見える。

たしかに白井市にナシが植えられたのは、市川市よりも約一三〇年も遅い。一九〇二年（明治三十五年）ごろ、東葛飾郡鎌ケ谷《かまがや》から印旛《いんば》郡白井村白井新田に移住した浅海久太郎、笠川元吉らが、「早生赤」、「敷島」、「真鍮」等を導入したのがはじまりである。また一九〇五年（明治三十八年）には、「土佐錦《とさにしき》」を浅海久太郎が白井木戸に植えたと伝えられており、白井市役所のロビーには樹齢一〇〇年を超えたその原木標本が飾られている。

白井市ならではのユニークなブランディングは、なんといっても「白井梨マラソン大会」である。毎年一〇月上旬に行われるこのレースの売りは、ナシが食べ放題であること。現在はゴール地点のみだが、かつてはスタート地点、コース中、ゴール地点すべてに、給水所と並んで給梨所が設けられていたのだ。フルーツ提供を売りにしたマラソン大会としては、同じ千葉県内で一九八四年（昭和五十九年）に始まった富里《とみさと》市の「富里スイカロードレース」が全国的に知られている。「白井梨マラソン大会」は一九八六年（昭和六十一年）が第一回大会なので、後追いと見られてもしかたあるまい。こちらは給スイカ所と洒落《しゃれ》のセンスも上である。

二〇一八年（平成三十年）の大会参加者は、「白井梨マラソン大会」の約三五〇〇名に対して、「富里スイカロードレース」が約一万一五〇〇人と、大きく差をつけられている。はたしてこの先ナシがスイカの背中をとらえる日は来るのだろうか。

JA西印旛の名誉のために、地域団体商標の登録については「しろいの梨」が、「富里スイカ」よりも七日早くゴールしていることをここに記しておきたい。

産地として注目すべきは、白井はジョイント仕立ての導入と同時に生産者の若返りも進んでいるという事実だ。昔からの一匹狼《いっぴきおおかみ》的な考え方を捨て、ジョイント仕立てのように一体となりつつある白井の生産者たちは、これからどのように仕掛けてくるのだろうか。

赤ナシvs青ナシ

ナシは皮の色で大きく赤ナシと青ナシに大別される。「幸水」や「豊水」のような小麦色に日焼けした肌の品種が赤ナシ、「二十世紀」や「なつひめ」のような薄緑色の人間離れした肌の品種が青ナシである。

ナシの果皮の色はひとつの遺伝子が支配しており、茶色は薄緑色に対して優性に発現する単因子優性である。この遺伝形式を明らかにしたのは菊池秋雄である。同時に、これは日本における果樹遺伝学の最初の研究成果でもあった。血液型でたとえると、A型あるいはB型とO型との関係性にあたる。

赤ナシの「長十郎」から青ナシの「二十世紀」へ、「二十世紀」から赤ナシの「幸水」へと、国内生産量ナンバーワンの座が交互に移動してきたことは先に述べた通りである。

うどんのつゆに代表されるように、東日本と西日本では味の好みが異なることは有名な話だ。似たようなことがナシでもいえる。

東日本では赤ナシが、西日本では青ナシが好まれる傾向にあるのだ。遺伝的には、赤ナシのほうが甘く、青ナシのほうが口あたりがよい傾向がある。西日本で薄味が好まれるのは、ナシにも当てはまるようだ。

赤ナシと比べると糖度が低い青ナシだが、じわじわ生産量を増やしている「かおり」も青ナシである。千葉県では最近になって主力品種の仲間入りをした。出荷時期は、「豊水」と「新高」の間だ。一番の特徴は、どこかリンゴの「王林《おうりん》」に通じる甘い香りと一キログラムを超える大玉の果実である。

「かおり」は、「幸水」よりもさらに厳しいおいたちだった。そもそも「かおり」という名は国がつけたのではない。定められた幾度もの栽培試験をパスしなければ、品種候補に品種名が与えられることはない。「かおり」は育ての親がつけた名で、それが穂木とともにいつの間にか皆に受け入れられるようになったのである。

後に「かおり」と名づけられる系統は、かつて平塚にあった国の園芸試験場で一九五三年（昭和二十八年）に交配され、一九六六年（昭和四十一年）に「平塚16号」という系統名を与えられた。母親は大玉になる「新興《しんこう》」、父親は「幸水」である。しかし、落果しやすい、日持ちが悪い、果皮が傷つきやすく流通性に難がある、豊作と不作を一年おきに繰り返す隔年結果性が強い、と欠点が多かったために一九七五年（昭和五十年）に栽培試験が打ち切られ、商品化しない決定が下された。

ところが生産者の梨園での試作も並行して行われていたために、この決定以降も一部の生産者のもとには接いだ枝が残されていたのである。いまではこのような場合には廃棄処分が義務づけられているが、当時はまだ禁じられていなかった。

生産者が「平塚16号」の枝を切り落とせなかった理由は想像できる。

俺の腕で何とかデビューさせてやりたい。人によっては、俺が作りこなしてみせる、という想いだったであろう。いずれにしても技術屋の純粋な気持ちが発端となったに違いない。

しかし国の試験場が見捨てた系統である。生産者の畑での評判もよいものではなかった。ナシに生活を賭けている生産者は容赦ない。でかくなるだけで使えない「平塚16号」を彼らはこう呼んだ。

バカナシ。

「平塚16号」をヒロインにしたのは、市川市大野町《おおのまち》のナシ生産者グループであった。珍しい品種を求めていた彼らは、欠点を克服する栽培技術を編み出す。残る問題は販売である。作りこなせても売れなければ意味がない。彼らは神田青果市場に相談を持ちかけ、そこでつけられた

品種名	母親	父親	育成者	育成年
稲城	八雲	新高	進藤益延（東京都）	1955
南水	新水	越後	長野県南信農業試験場	1990
にっこり	新高	豊水	栃木県農業試験場	1996
秋栄	おさ二十世紀	幸水	鳥取大学	1997
秋麗	幸水	筑水	農研機構果樹研究所	2003
彩玉	新高	豊水	埼玉県農林総合研究センター	2005
新甘泉	筑水	おさ二十世紀	鳥取県園芸試験場	2008
恵水	新雪	筑水	茨城県農業総合センター	2011

図表8　本文で触れていないナシの主要品種

名前が「かおり」なのである。

梨祖の川上善六がとった行動は、二〇〇年の時を超えて継承されていた。

他に青ナシで目立った品種は存在しない。まだまだ当分赤ナシ天下は続きそうである。

中国ナシの血が入った王秋

わが家で一番人気の品種を紹介したい。その名は「王《おう》秋《しゅう》」。晩生の赤ナシで、重さは七〇〇～九〇〇グラムと大玉である。「新高」と同じくらいか、やや小ぶりといったところだ。

「王秋」は見た目も味も個性的である。

まず形が、現代品種の中では特異な縦長だということ。味については、他の品種では感じられない独特の香りがほのかに感じられ、ほどよい酸味とのバランスが抜群なのである。晩生品種はどうしても果肉中のザラザラ感が強い傾向があるのだが、「王秋」ならそのようなことはない。果肉の軟らかさとジューシーさは、肌寒くなってからでも後をひくおいしさだ。収穫は「新高」の後、一〇月下旬からと遅めではある。日持ちは優れているから、正月休みにもおいしく味わえる。

鳥取県で多く生産されている「王秋」は、国の果樹試験場(現農研機構果樹研究所)によって育成され、二〇〇三年(平成十五年)品種登録された。交配は一九八三年(昭和五十八年)で、父親が中国ナシ「慈梨《ツーリー》」と「二十世紀」の雑種、母親がジャンボ梨の代表で重さが一・五キログラム以上にもなる「新雪《しんせつ》」である。つまり「王秋」は、中国ナシの血が四分の一入っているクォーターであり、独特な香りと縦に長い形は中国ナシから受け継いだというわけである。

変わった品種につい惹かれてしまう、育種に携わってきた者のひいき目が入っていることは否定しない。

中国ナシは河北省《かほく》が原産地とされ、日本ナシとも西洋ナシとも異なる種である。果実については、日本ナシと西洋ナシを足して二で割ったようなものといえば、想像できるだろうか。まず、形は西洋ナシに近い。収穫後に追熟が必要なのは西洋ナシと同じである。果肉の食感は日本ナシに近い。中国ナシならではの特徴といえば、ライチを思わせるトロピカルな香りだ。日本ナシよりも暑さに弱かったために栽培地が全国に広がることなく、「慈梨」、「鴨梨《ヤーリー》」、「千両《せんりょう》梨(身不知《みしらず》)」などが、ごくわずかに生産されているにすぎない。

第3章　リンゴ——サムライの誇りで結実した外来植物

リンゴは、バラ科リンゴ属のいくつかの種が自然に交雑された雑種である。その祖先種（*Malus sieversii*）は中央アジア天山《てんざん》山脈の西側、カザフスタン東部の山岳地帯に自生している。そもそも原種自体が冷涼な地域に生えているため、日本では青森県や長野県がおもな産地になったのは、当然といえば当然であった。

世界最大のリンゴ生産国はダントツで中国で、二位アメリカ、三位以下は年によって変動し、日本は一〇〇番代後半である。

和リンゴと西洋リンゴ

日本でリンゴと呼ばれるようになったのは、中国語の「林檎《リンゴン》」が日本語でなまって発音されるようになったからだとされる。ところがこのリンゴは平安時代に日本に入ってきた小ぶりの果実で、おいしいものではない。こちらは和リンゴ（*Malus asiatica*）と呼ばれており、西洋リンゴとは異なる種に分類されている。つまり、原産地から東回りでやってきたのが和リンゴで、西回りで日本にたどりついたのが西洋リンゴなのである。

西洋リンゴの祖先は、カザフスタン東部からシルクロードを西に向かい、各地に自生する別の野生種と交雑しながら広まっていった。ヨーロッパに伝わった時期は非常に古く、いまから四〇〇〇年以上も前だと推定される。

ヨーロッパでの品種改良は六世紀から七世紀にかけて進んだが、当時のリンゴはまだ直径二センチメートル程度の小さな実でしかなかった。その後一〇〇〇年をかけて選抜が繰り返されることによって、果実が大きくなっていく。それとともにリンゴ栽培も盛んになり、一六世紀をすぎてようやく現在の品種と同じぐらいの大きさの果実が現れた。

一六二〇年以降、西洋リンゴは清教徒とともに大西洋を渡り、北アメリカに持ち込まれた。これはアメリカにジャガイモが導入される約一〇〇年前である。

東海岸に着いてからは、リンゴは開拓民とともにひたすら西へ西へと分布域を広げていく。この過程で今度はアメリカに自生していた野生種とも交雑し、さらに改良が進んだ。この成果は、アメリカには一八六九年時点で一〇九九もの品種が存在していた記録が物語る。

リンゴ生産が始まった地域

日本では明治維新後に数多くの品種が導入され、国内に普及したのは一八九六年（明治二十九年）ごろである。一方で、江戸時代末期にすでに、江戸巣鴨《すがも》にあった越前《えちぜん》藩主松平春嶽《しゅんがく》が住む屋敷の庭で、リンゴが栽培されていたという記録も残っている。

生産を目的とした栽培は、一八六九年（明治二年）に北海道で始まった。その地は函館に近い亀田郡七重村（現七飯町）で、のちに「男爵薯」が最初に植えられた土地柄である。ただしこの計画を進めたのは日本人ではなく、プロイセン人のライノルト・ガルトネルであった。ガルトネルは明治政府に反旗を翻した蝦夷《えぞ》島政府から土地を借り受けて開墾を始め、リンゴの他に、ブドウ、サクランボ、西洋ナシなど二二種類の苗木を植えている。サクランボもこのとき初めて日本に導入された。

翌一八七〇年（明治三年）には、ガルトネルの農場を政府が買い取る形で開拓使七重開墾場が開設され、西洋近代農業実践の場として活用され始める。日本初の国立農業試験場は、こうして誕生したのである。

その際に北海道開拓の顧問としてアメリカから招聘《しょうへい》したのが、大物中の大物ホーレス・ケプロン。開拓使次官黒田清隆《くろだきよたか》はそれまでの二・五倍の年俸を提示して、現役のアメリカ合衆国農務省長官を口説き落としてしまったのだ。

ホーレス・ケプロンは、札幌農学校（現北海道大学）や開拓使麦酒《ビール》醸造所（現サッポロビール）を設立したことでも知られている。マサチューセッツ農科大学（現マサチューセッツ州立大学アマースト校）の学長であったウイリアム・クラークを札幌農学校副学長に就けること、函館ではなく札幌に道庁を置くことを明治政府に進言したのも彼である。

ケプロンは何人もの有能な人材をアメリカから招き、活躍させている。農業技術者として呼んだ人物は、ルイス・ベーマーとエドウィン・ダンである。ベーマーは、全米一の種苗会社マウントホープナーセリーに勤めていた果樹生産のプロであり、ダンは畜産のプロであった。

ベーマーは来日してまず、ケプロンがアメリカから取り寄せた七五品種の苗木の、太平洋を渡る間に弱ったコンディションを、東京府青山《あおやま》の開拓使官園で回復させつつ、植木職人に西洋式接ぎ木の指導をした。この苗木は翌一八七二年（明治五年）に七重開墾場に定植され、この地でベーマーが各品種に整理番号をつけた後、増殖した苗木を道内各地に配布していった。

果樹の苗木を増やすには効率的な接ぎ木の技術が欠かせない。手間暇をかける前提の日本式接ぎ木はこの点で劣っていた。後に「青森県のリンゴ産業の始祖」と称される菊池楯衛《きくちたてえ》は、一八七七年（明治十年）に七重官園でリンゴの栽培技術を学び、西洋式の接ぎ木も含めてベーマーから直接指導を受けている。菊池楯衛の長男は、後にナシ育種の神様と呼ばれるまでになった菊池秋雄である。

駒場農学校と札幌農学校

国による農業教育は、駒場《こまば》農学校と札幌農学校とから始まった。駒場は研究と技術開発に重きが置かれ、札幌は北海道開拓の前線基地という意味合いが強く、それぞれの役割は明確であった。

駒場農学校は、一八七四年（明治七年）に内務省勧業寮の内藤新宿《ないとうしんじゅく》試験場内に創設された農事修学場をルーツとする。それが一八七七年（明治十年）に農学校となって駒場野に移転し、農商務省管轄となったのち、一八八二年（明治十五年）に駒場農学校に改称された。井《い》の頭《かしら》線の北側、東大駒場キャンパスと駒場公園、さらに井の頭線をはさんで南側にある大学入試センターと駒場野公園とが、駒場農学校のおおよその敷地である。

一方の札幌農学校は、一八七二年（明治五年）に東京に開拓使仮学校が創設されたのを出発点としている。したがって駒場農学校よりも二年長い歴史を持つ。開拓使仮学校は、一八七五年（明治八年）に札幌に移転するまで、芝《しば》の増上寺《ぞうじょうじ》山内にあった。

農業試験場はというと、内務省勧農寮が一八七一年（明治四年）に霞ヶ関《かすみがせき》の旧広島藩浅野《あさの》邸を試験場にしたのがはじまりである。勧農寮はその年に駒場野にも試験場を設け、翌年（明治五年）には旧高遠《たかとお》藩内藤《ないとう》家下屋敷も試験場にするのだが、農地に適さない土地であることがわかり、一八七四年（明治七年）に買い取った三田四国町《みたしこくまち》（現芝二～五丁目）の旧薩摩《さつま》藩島津家上屋敷に、一八七七年（明治十年）三田育種場を開設するのである。三田育種場の場長には、旧薩摩藩士でフランス帰りの前田正名《まえだまさな》が就いた。

内藤新宿試験場のほうはといえば、宮内省管轄に変わり、天皇家のための農園と庭園になった。いまの姿は新宿御苑である。

北海道開拓を目的とした試験場としては、一八七一年（明治四年）に開拓使官園が設けられる。第一官園は青山南町《みなみちょう》（旧西条藩《さいじょう》松平家上屋敷、現青山学院大学）で果樹、第二官園は青山北町（旧山城淀藩《やましろよど》稲葉《いなば》家下屋敷、現国連大学周辺）で穀物と野菜、第三官園は麻布新笄町《あざぶしんこうがいちょう》（旧佐倉藩《さくら》堀田《ほった》家下屋敷、現日赤医療センター）で家畜と、機能別に農場が整備された。さらに北海道では、一八七三年（明治六年）に函館の七重開墾場を七重官園とし、これに加えて札幌官園を設け、一八七四年（明治七年）には根室《ねむろ》官園が新設されている。

これらはみなケプロンの原案に沿って実行されたのである。なんというスピード感であろうか。

リンゴの唄に歌われた品種の正体

「赤いリンゴにくちびるよせて」という「リンゴの唄」（作詞サトウハチロー、作曲万城目正）の歌詞に代表されるように、リンゴは日本の戦後復興を象徴する比較的新しい果物である。「リンゴの唄」が作詞されたのは終戦直前であった。この唄で歌われたリンゴは空想の世界の果実だったのだろうか、それともモデルになった品種があったのだろうか。

わたしは実在したに違いないと考えている。

第一の理由は、歌詞を作ったサトウハチローの祖父佐藤弥六《さとうやろく》（一八四二—一九二三）がリンゴ栽培に深くかかわっていたからだ。

佐藤弥六は津軽《つがる》藩士であり、一八六五年（慶応元年）に福沢塾《ふくざわ》（現慶應義塾大学）に入塾して会計係を務めた。だが兄の死によって弘前《ひろさき》に戻り、兄の妻と結婚して和洋雑貨や書籍販売の商店を営む。その一方で、郷土の没落士族のために、養蚕、リンゴやブドウ栽培の産業振興策を率先して実行した。ことリンゴに関しては、一八九三年（明治二十六年）に二一八ページにも及ぶ『林檎《りんご》図解』を著したほど。他に『津軽藩史』も編纂した佐藤は、津軽に西洋リンゴを根付かせた先駆者のひとりなのである。

サトウハチローは祖父の農園を二度しか訪れたことがないそうだが、「リンゴの唄」のタネはそのときに播かれたのではないだろうか。

第二の理由は、太平洋戦争前後の主力品種の中に、イメージ通りの品種が存在するからだ。当時のリンゴはほぼ二品種に限られていた。一方は大玉で甘くほんのり赤く染まり、もう一方は小玉で酸味があり真っ赤に色づく特性であった。

「赤いリンゴ」、「可愛いやリンゴ」の条件を満たす後者こそ、「リンゴの唄」のモデルであろう。おそらく正体は、われわれにとっていまも身近な「紅玉《こうぎょく》」である。前者は「国光《こっこう》」なのだが、こちらはいまや絶滅危惧品種である。

戦後、甘い品種が次々と登場する中で、「紅玉」は酸味の強さが嫌われ、生産量が激減した。ところが甘いリンゴばかりになってしまった近年、アップルパイを筆頭に、洋菓子は「紅玉」に限るとの声が広がったことで見直され、店頭で再びよく見かけるようになっている。

紅玉の名前は大岡裁き

「紅玉」は一八〇〇年代前半にアメリカで発見された、来歴がはっきりしない古い品種だ。英名は「ジョナサン」である。日本には一八七二年（明治五年）に導入され、各地で様々な名前で呼ばれて広まっていった。例をあげると、北海道では「六号」、岩手県では「満紅《まんこう》」、青森県では「千成《せんなり》」といった具合だ。

だが「ジョナサン」に限らず、海外から導入された品種の多くは、各地で異なる呼び名がつけられていたため、リンゴの生産量が増えるにつれて流通時に混乱を引き起こすようになった。事態を収拾するために一八九四年（明治二十七年）に発足したのが、苹果《りんご》名称一定協議会である。メンバーは、北海道、青森県青森地方、青森県津軽地方、岩手県、山形県の五産地。名称の統一を主張したのは酒井調良《さかいちょうりょう》、同会の必要性を提唱したのは津田仙《つだせん》であった。津田塾大学の創設者津田梅子《うめこ》は、津田仙の次女である。

「ジョナサン」が「紅玉」という名に最終的に統一されるまでには、それから六年を要することになる。最終的にと表現したのにはわけがある。産地ごとに違う名前で呼ばれていたものを統一しようというのだから、すんなりと話がつくはずはない。各産地の代表が背負った責任の重さは、容易に想像できよう。

リンゴの生産と消費がともに伸びたのは、一八九一年（明治二十四年）に上野《うえの》から青森まで鉄道が通ったことが大きい。にもかかわらず各産地には気がかりなことがあった。リンゴ同様に生産を伸ばしてきていた温州《うんしゅう》ミカンの存在である。将来リンゴを脅かす存在になりそうな温州ミカンに対抗するには、各産地が足並みを揃《そろ》えて品種名を統一し、優良品種を売り込むしかない。この理念には皆が共鳴していた。

総論賛成各論反対は世の常である。苹果名称一定協議会が結論を導くまでには、結局七年もの期間を要した。この間一度は結論が下されたのにもかかわらず、青森県が大反対して収拾がつかなくなってしまったのである。

一八九四年時点の結論は、次の通り主力品種について各産地の呼び名が均等に分配される形になってはいた。

青森県7（津軽地方2＋南部地方5）、岩手県7、山形県3、北海道1。

北海道が1になったのは、導入時の整理番号である○○号のままで呼ぶ品種が多かったからである。また、山形県も、い印、ろ印等の名前で普及させており、多くの変更を受け入れざるを得なかった。

この一見公平そうな裁定を、どうして津軽地方は拒絶したのだろうか。

その理由は、岩手県に有利な裁定が下されたと考えられたからであった。

たしかに数だけ見れば痛み分けなのだが、岩手県の主力品種はほとんど変更がなかったのに対し、青森県の主力品種はすべて名称が変わるという決定だったのである。

すでに売れ筋の品種は定まり、量産体制は整い、東京への鉄路もつながり、あとは売るだけ。津軽地方にとって、品種名を変えるにはタイミングが遅すぎた。東京大阪への出荷を見据えて、一八九四年に津軽苹果名称一定会が出版した『津軽地方苹果要覧』は、もちろん津軽名で統一されていたし、佐藤弥六の『林檎図解』もそうなっていた。

そもそも他の産地よりも早く品種名を浸透させる努力をし、実績を積み上げてきたという自負が、青森県名でのプロモーションをさらに強化して既成事実化を狙うという徹底抗戦に出させたのである。

この混乱をうまく収拾した人物がいた。農商務省次官となった前田正名である。

一九〇〇年（明治三十三年）、前田は主要五品種にどの産地にとっても新しい名前を与えることで、リンゴ品種名統一問題に決着をつける。「紅玉」、「国光」、「祝《いわい》」、「鳳凰卵」、「柳玉《りゅうぎょく》」の五品種は、特定の産地だけが有利になることがないようにと、このとき揃って改名された品種名である。まさに三方一両損の大岡《おおおか》裁きであった。

前田には、ともにこれらの品種名を考えたブレーンがいた。俳人の寒川《さむかわ》鼠骨《そこつ》である。寒川鼠骨は正岡子規の弟子であったから、大の果物好きで知られた子規の知恵も借りたのではないかとも伝えられている。

前田正名と三田育種場

前田正名は、一八六九年（明治二年）から一八七六年（明治九年）にかけてフランスに留学し、帰国後フランスからリンゴ一〇八品種を導入した。もちろんリンゴだけにとどまらず、このときヨーロッパから導入した様々な植物の品種数は一〇〇〇を超える。

続いて前田は三田育種場開設の陣頭指揮を執ることとなる。三田育種場は明治政府の殖産興業策によって、一八七七年（明治十年）に薩摩藩邸跡に開設された官営模範工場のひとつである。すなわち一八七二年（明治五年）の富岡《とみおか》製糸場、一八七三年（明治六年）の品川硝子《ガラス》製造所、一八七六年（明治九年）の開拓使麦酒醸造所などと同じ流れで、農業生産の模範となることが期待されていた。

日本における育種の前線基地が、あの江戸薩摩藩邸焼討事件の舞台にできたと知ると、農業が国策としてどれだけ重視されていたかをイメージしやすくなるのではないだろうか。

なお、慶應義塾が三田の島原《しまばら》藩中屋敷跡に移転したのはこの三年後の一八七一年（明治四年）であり、三田育種場とは一キロメートルも離れていない。

さて、前田は三田育種場設立に際して、次のようなことを述べている。

「日本の農業は外国に劣っていない。ただし五穀と蔬菜《そさい》だけでは不十分であり、果樹や草花も必要である。また土壌改良も重要である」

ところが当の三田育種場は成果が上がらなかったとして、一八八六年（明治十九年）に活動を終えてしまう。一部の権力者に、趣味の園芸の延長のように見られてしまったことが災いした。つまり三田育種場は、わずか一〇年間の事業にすぎなかった。そして一八八九年（明治二十二年）に農場の土地は払い下げられ、宅地化されていったのである。

前田がフランスから大量に導入した品種が、その後どうなったのかといえば、リンゴについては日本に定着したものはひとつもなく、無駄な仕事に終わった。

理由は二つある。まずは、アメリカ系品種との栽培特性の違いであった。ヨーロッパ系品種は高温多湿の日本には向かなかったのである。また味の面でも不利であった。ヨーロッパ系品種は甘味も強いが酸味も強い。この酸味が日本人にはきつすぎた。結果として日本で初期に栽培が広まった西洋リンゴは、すべてアメリカで育種された品種となった。

リンゴワタムシ

日本における西洋リンゴの交雑育種は、青森県梅沢村《うめさわ》（現五所川原市《ごしょがわら》）の前田顕三《まえだけんぞう》によって始められた。一九〇九年（明治四十二年）のことである。これは、「陸奥《むつ》」と「つがる」を生んだ青森県農事試験場より一九年、「ふじ」を生んだ園芸試験場東北支場より三〇年も早い。

前田顕三が育種に取り組んだきっかけは、一八八七年（明治二十年）から一八九七年（明治三十年）にかけてのリンゴワタムシ大発生により、津軽のリンゴが大打撃を受けたためであった。

ワタムシはメンチュウとも呼ばれるアブラムシの仲間で、樹液を吸う。ワタムシには、北海道では雪虫の名で呼ばれるトドノネワタムシもいる。トドノネワタムシは農作物に悪影響を及ぼすことはないから、季節の風物詩として観光資源になれるのだ。

前田顕三がひとりどのようにしてリンゴワタムシに立ち向かったかというと、一〇〇〇を超える個体をタネから育て、殺虫剤を散布せずに選抜するという方法をとったのである。身上を潰しかねない捨て身の策で、ついに世界初の抵抗性品種の育成に成功する。

だが前田顕三の品種はリンゴワタムシには強かったものの、果実の品質では「国光」や「紅玉」などのアメリカ品種に遠く及ばず、主力品種にはなれずに終わる。

災害は忘れたころにやってくる。一九二四年（大正十三年）から一九三一年（昭和六年）にかけて、再度リンゴワタムシが大発生する。このときは津軽地方だけでなく青森県全域に拡大したため、前回以上に大きな被害となってしまった。

ここで立ち上がったのが農林省の技師上遠章《かみとおあきら》であった。上遠は前田顕三とは別のアプローチ、いまでいう生物農薬で立ち向かうことにしたのである。

一九三一年、上遠はリンゴワタムシの天敵である寄生蜂ワタムシヤドリコバチを求めてアメリカに渡る。上遠はオレゴン州でワタムシヤドリコバチを採集して日本に送ったのだが、輸送中に死んでしまい失敗に終わる。次にアメリカとフランスからワタムシヤドリコバチを直接輸入しようと試みたが、これまた輸送中に死んでしまう。そこで上遠は映画『エイリアン』の戦略に切り替えたのである。それはワタムシヤドリコバチが寄生したリンゴワタムシを送るという方法であった。

この宿主から無事羽化したワタムシヤドリコバチを用いて、日本国内で増殖し、全国のリンゴ産地への配布を実現したのである。初年度、唯一ワタムシヤドリコバチの越冬を成功させた青森県農事試験場昆虫部の豊島在寛《としまありのぶ》技師の名も記しておきたい。

この効果は絶大で、リンゴワタムシは、天敵となる外来生物の導入による害虫防除が永続的に成功した事例となった。

国光とデリシャス

「国光」は、英名を「ロールズジャネット」とも「ロールズジェネット」とも呼ばれる古い品種で、一八〇〇年ごろにバージニア州のケイラブ・ロールズの果樹園で発見されたとされる。アメリカでは主力品種になることとなく忘れ去られた品種のひとつにすぎない。

ところが日本では、一八七一年（明治四年）に導入されて以降、「ふじ」の登場まで長くナンバーワン品種の座を占めたのである。メジャーリーグで名をあげられなかった選手が、日本で大活躍してMVPに選ばれたりするのと同様、よほど日本の水が合ったのだろう。日本で「紅玉」と名前を変えた「ジョナサン」はアメリカでも有名品種だったが、「国光」は太平洋を渡ったことで、「紅玉」と並ぶ日本の二大スター品種になれたのだ。

「国光」に代わるように大人気品種になったのが、世界的スーパースター「デリシャス」である。「デリシャス」の物語は、一八七五年にアイオワ州のジェシ・ハイアットのリンゴ園で、通路の真ん中に生えてきたリンゴの苗木を彼が見つけたときから始まった。落ちた果実のタネから育った木にはろくな実がならないことに気づいていたハイアットは、邪魔なその苗木をすぐに根元から切った。だがその株が枯れずに再び枝を伸ばしたため、ハイアットはもう一度根元から切るのだが、またしても枝を伸ばされてしまう。この生命力に何かを感じたハイアットは気が変わり、実をつけるまでその木を育ててみようと決める。

一八八一年にその木は初めてたったひとつだけ実をつけた。それは見たこともない変わった形であった。普通のリンゴは縦に切ると円形になるが、その果実は下のほうが細くとがったハート型だったのである。さっそく味わってみたハイアットは、それがいままで食べたどんなリンゴよりも香りがよく、おいしいことに気づく。そこでこれを「ホークアイ」と名づけ、翌年以降アイオワ州内の数々のリンゴ品評会に出品し、その権利を誰かに売ろうと試みたのだった。

しかし「ホークアイ」を生産したがる生産者は、ひとりも現れなかった。皆、そのリンゴらしからぬ形を気味悪がったのである。地元で一〇年間否定され続けたハイアットは、一八九三年には一〇〇〇キロメートル以上離れた南部ルイジアナ州の展示会に出品してみる。

ルイジアナ州の展示会は、スタークブラザーズというリンゴの苗木を生産販売する会社が催しており、全米中の品種が集められていた。そこで「ホークアイ」の味に惚れ込んでくれた社長のスタークに、ついに販売権を売ることができたのだ。

このときにスタークは決して譲れない条件を、ひとつだけハイアットに飲ませた。それが「デリシャス」への改名であった。

「デリシャス」は、栽培試験を始めたスタークをさらに驚かすことになる。リンゴの二大重要病害であるカビによる黒星病と細菌による火傷《かしょう》病の、どちらに対しても抵抗性を持っていたばかりでなく、栽培性においてこれといった欠点がひとつもなかったからである。一八九五年にスターク社から苗木が発売されて以降、「デリシャス」は爆発的な人気を呼び、一気に世界一の品種として認められるまでになった。日本への導入は一九一一年（明治四十四年）、札幌農学校から改称した東北帝国大学農科大学（現北海道大学）によってである。

銀座千疋屋が導入したスターキング

「スターキング」の名を聞けば、ああ、あったあった、と懐かしがる方も多いだろう。「スターキング」は「デリシャス」が赤く着色するようになった枝変わりの品種であり、一九二一年にニュージャージー州のレービス・ムードによって発見された。こちらもスタークブラザーズ社が販売元である。

「スターキング」が正規の手続きを踏んで最初に日本に入ったのは、一九二九年（昭和四年）であった。導入したのは試験場でも大学でもない。銀座《ぎんざ》千疋屋である。

銀座千疋屋二代目社長の斎藤義政《さいとうよしまさ》は一九二八年（昭和三年）アメリカ視察旅行中、ニューヨークの街中で珍しい形のリンゴを見かけさっそく味わってみたところ、これこそ理想のリンゴだと感激する。すぐさまその足でスタークブラザーズ社に出向き、しぶるスターク社長に思いの丈をぶつけて導入の話を実現してしまったのである。

翌春届いた二本の穂木は、リンゴ栽培の名人中の名人対馬竹五郎《つしまたけごろう》によって弘前で「紅玉」の木に高接ぎされ、一九三二年（昭和七年）に「スターキング」の初収穫を迎えた。

自信を深めた斎藤義政は、一九三三年（昭和八年）には一流の果物商を集めての試食会を開催する。ところが見慣れない形と濃すぎる果皮の色が嫌われ、期待に反した結果に終わってしまう。

しかし斎藤はこれにめげることなく、超強気の策に出る。発売初年度の一九三四年（昭和九年）には、なんと店のショーウインドーに枝付きのスターキングを並べ、普通の品種の一〇倍にあたる一円という値段をつけたのである。

銀座というロケーションも幸いしたのだろう。いまの価値に換算すると約二五〇〇円という値付けが話題を呼び、「スターキング」は「国光」の後継品種としての地位を確かなものにした。

「デリシャス」からは多くの枝変わりが出現したため、日本では「スターキング」も含め、「デリシャス系」とひとくくりにされることも多かった。一九七四年（昭和四十九年）には「国光」を抜いて生産量一位となったデリシャス系ではあったが、日持ちが悪くボケやすい性質が嫌われ、一九八二年（昭和五十七年）に「ふじ」に抜かれて以降、急激に生産量を減らしていった。

名前では判断しにくい血筋ゴールデンデリシャス

黄色い果皮の「ゴールデンデリシャス」は、名前から連想すると「デリシャス」が赤く色づかなくなった枝変わり品種のように思える。しかし実際にはまったく血のつながりはない。「ホークアイ」を「デリシャス」に改名して大ヒット品種に育て上げたスタークブラザーズ社が、この成功に気をよくして二匹目のドジョウ狙いでつけた名前なのだ。

「ゴールデンデリシャス」は、一八九〇年ごろにウェストヴァージニア州にあるアンダーソン・マリンズの農場で発見された。マリンズは一九一四年まで自分の農場で栽培したのち、「マリンズ・イエローシードリング」と名づけ、スタークブラザーズ社に送る。

なお「ゴールデンデリシャス」については、ルーサー・バーバンクも自ら栽培試験を行っており、「これは世界最高の品種だと躊躇《ちゅうちょ》せずに言い切れる」と語ったという記録が残っている。

スタークブラザーズ社はバーバンクとリンゴの共同開発に取り組み、七五〇ものバーバンク系統を評価したのだが、大ヒット品種は得られなかったことも付け加えておきたい。

バーバンクの言葉通り「ゴールデンデリシャス」は生産量世界一の品種になり、日本でも一九五〇年（昭和二十五年）ごろから一九七七年（昭和五十二年）ごろまでは主力品種のひとつであった。

リンゴの神様・島善鄰

日本では「リンゴの神様」といったら島善鄰《しまよしちか》である。ここでリンゴの神様の代表的な業績を紹介したい。

一言でいえば、儲かるリンゴ栽培技術の確立である。島善鄰は東北帝国大学農科大学（現北海道大学）卒業後、一九一六年（大正五年）に栽培調査技師として青森県農事試験場に着任する。二年後の一九一八年（大正七年）には早くも大きな成果を残す。それは日本で最初のスプレーカレンダー（薬剤散布暦）作成であった。これが県による地域ごとの一斉協同散布の通達につながったのである。

予防医学という言葉に置き換えてみれば、これがどれだけ画期的な取り組みかがよくわかる。それ以前は一定以上の病害虫の被害が見られてから、個人個人が思い思いに対処していたのだから、いつになってもモグラ叩《たた》きが終わるはずはなかった。

リンゴ生産は特に病害虫との闘いが激しい。島は過去の常識を覆し、一年を棒に振るリスクを激減させたのである。スプレーカレンダーが二年後の一九二〇年（大正九年）には県内全域に普及したことからも、劇的な効果をあげたことがうかがえる。

次に島は施肥《せひ》と剪定でも大きな成果をあげた。

木を中心にして根の先端付近に同心円状に溝を掘って肥料を与えていたそれまでの方法よりも、リンゴ畑全面を耕してまんべんなく施したほうが収量も品質も高まることを明らかにしたのである。剪定については、収量増と作業効率向上を実現する理想の樹形を特定し、剪定技術も確立する。

加えて一九二三年（大正十二年）の「ゴールデンデリシャス」導入である。前年に島が欧米視察中に見つけた新品種を、ニューヨーク州立農業試験場から取り寄せたのである。

一方で島は国産品種の必要性を説き、これが青森県が国に先んじた育種の開始と「陸奥」育成につながった。「ふじ」に抜かれるまで「ゴールデンデリシャス」は生産量世界一であったし、「陸奥」にしても海外で「クリスピン」と名を変え、特にイギリスで人気品種になった。

これだけではない。現在日本で「ふじ」に次ぐ生産量二位の「つがる」にしても、「陸奥」と同時に青森県農事試験場で交配が行われた品種なのである。

島が確立した青森式の栽培体系は全国の産地に広がり、生産者だけでなく、流通関係者、消費者すべてに恩恵をもたらした。

一九二七年（昭和二年）に助教授として北海道帝国大学に着任して以降は、無袋《むたい》栽培の研究を開始する。リンゴの果実に潜り込んで果肉を食べ進むシンクイムシの成虫であるモモシンクイガとナシヒメシンクイに卵を産ませないために、袋かけは必要不可欠な対策であった。島はこの重労働をなくそうとしたのである。シンクイガの産卵部位を実のお尻と軸の窪み（萼窪《がくあ》と梗窪《こうあ》）に特定して、毒性のない石灰液散布による物理的防除法確立にいたった。

島は育種こそしていないものの、八面六臂《はちめんろっぴ》としか表現のしようがないこれらの業績の前では、ブリーダーの仕事もかすんでしまう。

ふじの登場

一九七〇年（昭和四十五年）ごろまでは、国内生産量の九〇％超をアメリカから導入された品種が占めていた。この状況を一変させたのが「ふじ」である。「ふじ」の登場以降、日本では次々と優れた品種が生み出され、現在ではアメリカ品種の生産量は、わずか八％程度にすぎない。対する「ふじ」の生産量は約五四％。それどころか二〇〇一年に世界生産量ナンバーワン品種に認定されて以降、今日にいたるまで世界各国で栽培面積を広げ続けている。一説によると、「ふじ」の世界シェアは三〇％にも達しているそうだ。

「ふじ」は日本を品種導入国から導出国に変えたばかりか、いまや「ふじ」を生み出した日本に触れずしてリンゴの歴史は語れないのである。

ブラジルで出会ったふじ

一九九六年一一月、わたしはブラジルにいた。ペチュニアをはじめとする南米大陸原産の園芸植物が、自生地でどのように生育しているかを調査するためである。

緩やかな起伏が幾重にも続く牛の放牧場でのことだ。なぜかリンゴの苗木が無数に植えられていたのである。一度気づけば見えてくるもので、それまで遠目にただの放牧場と思っていた場所すべてに、同じようにリンゴの苗木が植えられている。地平線のかなたにまで整然と連なるリンゴの苗木たちを、わたしはただ眺めるしかなかった。

場所によって苗木を植えた年が異なっていることは、木の育ち具合を見て容易に想像がつく。それでも明らかにすべてがここ数年で植えられた若い苗木ばかりであった。日系三世のナガセ氏によれば、牛肉が安くて儲からないから、放牧場をリンゴ畑に変える牧場主が後を絶たないということだった。

ところがさらなる驚きがわたしを待っていた。それは、この苗木の品種名を尋ねたときの、ナガセ氏の「全部ふじだよ」の一言。牛をリンゴに切り替えたほうが儲かるんだという、さっきの驚きなど吹き飛んでしまった。

ふじのおいたち

「ふじ」は日本のリンゴ産業を救ったスーパーヒーローであり、世界一の生産量を誇るスーパースターである。ところがこれほどの品種であっても、最初から皆に期待されたわけではない。それどころか幾度となく、身内からさえも否定されかけた歴史を持つ。これは交配から登録まで二三年もの年月を要したことに示されている。

「ふじ」の歴史は、青森県南津軽郡藤崎町《ふじさきまち》に国立の園芸試験場東北支場が開場した一九三九年（昭和十四年）にまで遡る。リンゴブームに火がつき、「国光」と「紅玉」がそれぞれ四割弱のシェアを占めていたときに、将来を見据えて味の改良が必要だとの認識から育種が始められ、同年五月に「国光」に「デリシャス」の花粉が交配された。

しかし開始早々このプロジェクトは逆風にさらされる。まずは、一九四一年（昭和十六年）の開戦である。育種担当の研究員たち全員が戦地に赴かなければならなくなり、苗木は担当者不在のままに畑に仮植《かしょく》された。

続いて一九四三年（昭和十八年）のリンゴ園耕作転換令である。戦時下なのだから、リンゴではなくイネを作れという法律が制定された。果物なんぞを栽培する者は非国民、軍部によって強制的に果樹が切り倒された時代に、世間の目を欺いてまで育種中の苗木を守った人たちがいた。それは藤崎町のリンゴ農家であった。

終戦の翌年には「リンゴの唄」が大流行する。赤いリンゴはまさに日本の復興のシンボルとなり、リンゴ御殿が建つほどの好景気に沸く。だが、それも長くは続かない。戦後の高度成長期を迎え、リンゴには新たな敵が忍び寄っていた。

最初の敵は海外からやってきた。バナナである。一九六三年（昭和三十八年）に輸入が自由化されるやいなや、あっという間に消費者の心をつかんでしまった。これでまず、すっぱい「紅玉」が売れなくなった。

それでも「国光」はしばらく持ちこたえていた。けれども一九六八年（昭和四十三年）に、ついに「国光」の価格も大暴落してしまう。

次の敵は、国内の暖地からやってきた温州ミカンであった。年々出荷量を伸ばしてきていた温州ミカンが、この年に大豊作となり、冬の果物の主役の座をリンゴから奪い取ったのだ。バナナもミカンも甘さでリンゴに勝っていたうえに、手で簡単に皮がむけるという、リンゴには真似《まね》できない魅力を持ち合わせていた。

こうして七〇年以上にもわたって「国光」と「紅玉」に頼り切っていたリンゴ業界は、市場価格の大暴落という危機にさらされたのである。

ふじに賭けた人たち

後に「ふじ」と名づけられる系統が、東北支場全体の注目を集めるのは一九五五年（昭和三十年）秋、育種担当の定盛昌助《さだもりしょうすけ》と村上兵衛《むらかみひょうえ》の二人が、自信満々で試験場長に試食を勧めた日からである。交配から一六年目のことであった。それから三年後、ついに外部の試食会でこの有望系統がお披露目《ひろめ》される。試食会の場は国や県の試験機関だけでなく、普及を急ぐために民間の育種同好会や東京の神田市場でも設けられた。

ところが、いずれの試食会でもこの系統が手放しで評価されることはなかった。自慢の味は絶賛されたものの、つねに外観の悪さが問題となった。色づきが悪いうえに形もいびつで、誰が見ても明らかに「国光」より劣って見えたためだ。青森県の有力者の中には、あからさまに「ふじ」をけなす者すらいたほどである。

しかし、この品種がリンゴ業界を救うと確信した者たちによって、「ふじ」の穂木は各地で接ぎ木されていく。

国が育成した品種は、国の試験場と各県の試験場での評価が定まってから生産者に配布されるのが通例である。ところがこのときは生産者への穂木の配布も各県と同時に行われた。何事も手順に縛られる国の試験場では、ありえない対応である。

ふじの命名

「ふじ」の名前は、育成地である藤崎町と、日本一の品種になるようにと富士山にあやかってつけられた。

これもすんなり決まったわけではない。フルーツ業界発展のために尽くしてきた、銀座千疋屋社長の斎藤義政が「ラッキー」を推したからである。系統名が東北7号だからラッキーセブン。「フルーツポンチ」や「フルーツパーラー」の新語を作った人らしいネーミングである。

まさか自分の提案が通らなかったからというわけではなかろうが、銀座千疋屋と神田市場での試験販売時、「ふじ」は「スターキング」と「国光」の中間の価格で売り出された。販売側の目利きたちですら、「ふじ」の色づきの悪さとリンゴ特有のよい香りがあまり感じられない点を、かなりネガティブにとらえていた。

ふじの育ての親・斎藤昌美

「ふじ」を育種したのは国の試験場のブリーダーである。生産量世界一の品種を生み出した偉業は疑いようがない。だが、ただ単純に品種改良のサクセスストーリーとして紹介するわけにはいかない。それこそ「ふじ」は、栽培面でもいくつもの課題を抱えていたからである。

新品種の特性を発揮させる栽培方法は、育成元が指導できなければならない。ところが「ふじ」を作りこなす技術を確立したのは、青森の一生産者であった。それもリンゴ生産だけでは生活できない零細農家の手によってである。「ふじ」はこの生産者と出会わなければ、世に広まらなかった可能性が高いのだ。

この人物こそ、NHK「プロジェクトX」でも紹介された斎藤昌美《さいとうまさみ》その人である。

そもそも「ふじ」は大きな欠点を三つ抱えていた。着色の悪さ、形のいびつさ、果実の割れやすさである。様々な試験を経てこれらを解決する目処《めど》がつき、普及段階にこぎつけたところで、さらなる欠点が明らかになってしまう。これは生産中の品種から「ふじ」への切り替えを阻む致命的な問題であった。

品種を切り替えるための高接ぎが、「ふじ」ではうまくいかなかったのである。「ふじ」の穂木を接ぐと、接がれた成木が弱って根元から枯れてしまう症状が目立ち始めたのだ。高接病と呼ばれるこの症状は、ウイルスに弱い台木が発病してしまうウイルス病である。これでは生産者は怖くて、「ふじ」に切り替えたくても接ぎ木できない。

この頃には「ふじ」の果実の商品力は誰もが認めるまでになっていたのだが、品種としての「ふじ」は農家の生産意欲を萎えさせてしまった。当然東北支場は、「ふじ」用の栽培技術を確立しようとはしていた。しかし誰ひとりとして解決策を見出せなかったのである。

それをやってみせたのが「りんごの鬼」とも称された斎藤昌美であった。

このとき斎藤が採った方法が寄せ接《よつ》ぎである。寄せ接ぎでウイルスに強い苗木の上部を救いたい成木の幹に接ぐことで、弱った台木の代わりに接いだ苗木の根から水分や養分を吸収させることができる。人間にたとえれば、まるで動脈硬化症のバイパス手術である。対馬竹五郎が率先して「国光」に次々「ふじ」を接いだのを見て、生産者の意識が変わり始める。さらに斎藤が裂果《れっか》を防ぐ剪定方法を編み出したことによって、ようやく恐怖感から解放されたのである。

ところが今度はあまりの「ふじ」人気に穂木が足りず、生産者にパニックが起きてしまう。それに対し斎藤は、次のような対応をとったのだった。

さんざん失敗を繰り返したあげく、ようやく収穫が始まる段階まで育てた自分の「ふじ」の木を犠牲にして、採れるだけの穂木を採り、生産者仲間に配ったのである。人気に火がついた新品種の穂木は高い値段で取り引きされるのが常だが、斎藤は一銭も受け取らなかったという。

こうして一九六六年（昭和四十一年）にはわずか一％にすぎなかった「ふじ」の生産割合は、

一九六八年（昭和四十三年）の「国光」の大暴落を境にして一気に品種更新が進み、一九七五年（昭和五十年）には一七％にまで増える。さらにこの頃、「ふじ」に先行する形で増産されていた「デリシャス」や「スターキング」の市場価格が下がったため、これ以降は「ふじ」だけが増やされるようになった。

この勢いはとどまるところを知らず、一九八五年（昭和六十年）には四一％、一九九五年（平成七年）には四九％にまで達する。「ふじ」さえ作っていれば儲かるという「ふじ神話」は、初めて前年の価格を下回った一九九七年（平成九年）まで、じつにバブル景気よりも長い約三〇年間も続いたのである。

「ふじ」の原木は、東北支場の移転にともない、一九六一年（昭和三十六年）に藤崎町から岩手県盛岡市に移植されたが、いまも農研機構果樹茶業研究部門リンゴ研究拠点の圃場でその姿を拝むことができる。

図表9　ふじの原木
（写真・農研機構）

青森県と国の競り合い

公的機関で最初にリンゴの育種を始めたのは、愛知県農業試験場で一九二三年（大正十二年）であった。目的は暖地に向く品種の育成であったが、これは失敗に終わる。

続いて一九二八年（昭和三年）には、青森県が南津軽郡中郷村（現黒石《くろいし》市）の県農事試験場で育種を開始する。

先に記した通り、国の育種は一九三九年（昭和十四年）に藤崎町で始まった。すなわち距離にして約一〇キロメートルしか離れていないところに位置する県立試験場と国立試験場が、品種改良で競い合うことになったのである。太平洋戦争中は県農事試験場もまた、「ふじ」を産んだ東北支場と同じ試練を乗り越えるしかなかった。

青森県農事試験場でもっとも期待されたのは、一九四七年（昭和二十二年）に農産種苗法の適用第一号品種となった「陸奥」であった。「陸奥」は、一九三〇年（昭和五年）に「ゴールデンデリシャス」に「印度《いんど》」を交配して育成された。育種担当者は二度のアメリカ派遣経験を有する須佐寅三郎《すさとらさぶろう》である。「陸奥」は両親のよいところを受け継ぎ、大きく、甘く、みずみずしく、貯蔵性も優れていた。

あらためて確認しておこう。青森県は国よりも一一年早く育種を始めていた。つまり先行した青森県のプライドも、後に「ふじ」がすんなりとは普及しなかった一因となった。

ただ、「陸奥」にしても赤いリンゴのイメージからはかけ離れた青リンゴであり、袋かけできれいなピンクに色づかせることができるようになるまでは、売りにくい品種であった。

農林水産省の未熟な対応と種苗法改正の動き

「ふじ」を生み出して日本のリンゴ生産者を救い、日本の消費者がおいしいリンゴを食べられるようにしたのは、国の大きな成果である。さらに、「ふじ」は世界一の品種になったのだから、世界に貢献したとも言い切れる。

しかし手放しでは喜べないことがひとつだけある。それは品種権についてだ。

「ふじ」は国内では一九六二年（昭和三十七年）に品種登録されたが、海外では何の知的財産権も主張できないまま、また日本に何がしかの利益をもたらす仕組みも作られずに、無制限に増やされてきた。育種は研究開発行為、新品種は知的財産。このような基本的な考えが日本で定着したのは近年の話である。「ふじ」の普及時期はちょうど高度成長期、国じゅうが工業や商業に比べて農業を軽く見てしまう時代背景もあったであろう。

だが、海外で品種権を取得せず何の契約も交わさないということは、ひとたび輸入が自由化されてしまえば、海外産生産物の日本への輸入を一切制限できなくする行為にほかならない。アメリカや西ヨーロッパに関しては、品種交換という観点で「ふじ」を提供する大義名分はある。問題は中国や韓国に対してだ。

中国は世界最大のリンゴ生産国である。すでにその半数以上が「ふじ」で占められている。

これはつまり、国内生産量の三五倍以上もの量の「ふじ」が、隣国で生産されている状況を意味する。

もっとも品種権を主張できる期間には限りがあるため、遅かれ早かれ避けられない事態ではあった。しかし「ふじ」を中国に出す際に、どれだけのリスクを想定したのであろうか。これはあくまでわたしの憶測にすぎないが、「ふじ」の中国導出は誰かの軽い気持ちで始まってしまったのではないか。日本のリンゴ生産者、「ふじ」を守り育てた者たちの顔を思い浮かべることもなく。

もちろん現在では、国の育成品種は海外には出さない、出す際には海外でも品種権を確保するのが基本方針になっている。しかし欧米先進国と比較すると、日本の品種権保護への対応は遅れているし、ブリーダーの地位向上も不十分である。農林水産省がこれまでになく積極的にサポートし始め、ついには新品種の海外持ち出しを規制し、刑事罰を科す種苗法の改正案をまとめた現在の動きは歓迎したい。

国に認めてもらえなかった王林

青リンゴといえば、日本では「王林《おうりん》」に尽きる。

「王林」は福島県伊達《だて》郡桑折町《こおりまち》のリンゴ生産者大槻只之助《おおつきただのすけ》によって、一九五二年（昭和二十七年）に育成された。品種名に「林檎の王様」になれとの願いが込められていることは、誰にでも想像がつくだろう。

品種別生産量では、「ふじ」、「つがる」に次いで第三位、もちろん青リンゴでは不動のナンバーワンである。「王林」には、一度食べれば忘れられない独特の甘い香りと味がある。酸味が弱いからこそいっそう際立つ甘味は、甘く改良された最新品種にも負けることはない。それどころか「王林」は直近の消費者調査でも、いまだに試食後に購入希望者が増えるほどなのだ。

母親は「ゴールデンデリシャス」、父親は「印度」といわれてきたが、どうも「デリシャス」のタネから選抜されたものらしい。

大槻只之助が育てた苗木に初めて実がなったのは、一九四三年（昭和十八年）であった。香りと甘味が優れた個体を選抜し、一九五二年に「王林」と名づける。

これだけの偉大な品種にもかかわらず、「王林」は品種登録されていない。大槻が出願したにもかかわらず、農林水産省に拒絶されてしまったためである。理由は外観の悪さであった。現在の種苗法では決して起こり得ないが、当時は生産者に不利益を被らせるリスクが高いと判断されたら、いくら新規性が明確であっても品種登録できなかったのである。事実「王林」は果皮の見た目の汚さから、そばかすリンゴとかナシリンゴとかと呼ばれたりもしていた。

だが、さすがに生産者が見る目は役人とは違った。「王林」の将来性を確信した桑折町の生産者四五名は、一九六一年（昭和三十六年）に王林会を発足させる。王林会と農協の販路開拓の努力によって、国に完全否定された品種がこれほどまで広く愛されるようになったのである。

「王林」はアメリカでも「Orin」の名で生産・流通している。独特の香りはアメリカでもとてもユニークだと注目され、現地ではパイナップルと西洋ナシが合わさった匂いだと説明されている。

青森県ではなく長野県が売り出したつがる

「つがる」は「ふじ」に次ぐ生産量第二位の品種だが、交配は一九三〇年（昭和五年）と「ふじ」よりも九年早い。組み合わせは、母親が「ゴールデンデリシャス」、父親が「紅玉」であった。それなのに普及が遅れた原因は、一九四九年（昭和二十四年）に土壌病害の紋羽《もんぱ》病で原木が枯死してしまい、特性調査に時間がかかってしまったことがひとつ。加えて着色がよくなかったために、特に期待されなかったこともあげられる。当初「つがる」は、育成地である青森県で高い評価が得られずに放置されていたのである。

こんな「つがる」の可能性を最初に見出したのは、長野県であった。一九七三年（昭和四十八年）にようやく品種名をもらった「つがる」は、皮肉なことに青森県のライバル産地である長野県の戦略商品となってしまう。

アメリカ品種ジョナゴールド

「紅玉」、「国光」、「デリシャス」、「スターキング」、「ゴールデンデリシャス」と、かつてアメリカ生まれの品種によって生産量上位が占められていた状況も、いまはすっかり様変わりしている。トップ3の「ふじ」、「つがる」、「王林」に加え、「シナノゴールド」、「シナノスイート」、「秋映《あきばえ》」、「北斗《ほくと》」、「トキ」と勢いのある新品種が続き、日本の品種ばかりが目立つ。

唯一の例外が、もう二〇年以上も「王林」と生産量第三位の座を奪い合っている「ジョナゴールド」である。

「ジョナゴールド」はコーネル大学が一九四三年に交配し、一九六八年に命名・商品化して、秋田県園芸試験場が一九七〇年（昭和四十五年）に導入した品種である。母親が「紅玉」、父親は「ゴールデンデリシャス」だ。「紅玉」のもともとの品種名が「ジョナサン」であることを思い出してもらえれば、名前の由来は説明するまでもないだろう。

「ジョナゴールド」の人気の理由は、甘味とともにさわやかな酸味がしっかり感じられる点だ。この酸味は母親ゆずりだが、決して強すぎることはない。「ジョナゴールド」が「王林」を引き離す日は近いと睨んでいる。

すでにお気づきの方もいるかもしれない。「ジョナゴールド」は「つがる」と両親が同じ組み合わせの、逆交配から得られている。日米の国民性の違いや育成地の環境の違いをあれこれ思い浮かべつつ、両品種を食べ比べてみてはいかがだろうか。

図表10　赤果肉リンゴ

赤いリンゴの開発競争が世界中で激しさを増している。赤といっても果皮のことではない。果肉が赤いリンゴのことだ。ここ数年、メディアでも採り上げられる機会が増えている。

赤果肉リンゴは昔からあるにはあったが、小さくてまずく、趣味家向けの品種にとどまっていた。現代の赤果肉リンゴは改良が進んだために、日本、ニュージーランド、イギリス、フランスなどで普及しつつあり、世界的なトレンドといってよい。

日本では、信州大学教授伴野《ばんの》潔《きよし》と長野県中野《なかの》市のリンゴ生産者吉家《よしいえ》一雄《かずお》がトップランナーである。

赤果肉の原因遺伝子は二つある。タイプ1は早期に果芯部から着色が進む。他の特徴は、早生で果実は小さいがポリフェノールであるアントシアニン含量は多く赤みが濃い。色はスイカの果肉よりもずっと濃い赤で、スモモのソルダムやビーツと同じ色みである。赤果肉リンゴであれば皮をむいても、皮のまま食べた白肉リンゴとほぼ同量のアントシアニンを摂取できることになる。また、花や葉までが赤く染まる。

タイプ2は成熟期に果肉が果皮のほうから着色して

くる。こちらの特徴は、晩生で果実は大きくピンクの果肉になる。花もピンクである。果肉を赤くするにはひとつ前提条件がある。果肉のpHを下げなければならないのだ。つまりすっぱく渋くなるというトレードオフがついて回る。したがって赤くなればなるほど生食用には向きづらい。

これらを克服して伴野教授が育成した品種が、「レッドパール」と「いなほのか」である。どちらもタイプ2で、「レッドゴールド」と「ピンクパール」の交配によって得られた。

母親の「レッドゴールド」はアメリカ・ワシントン州でフランク・シェルが一九三六年ごろ選抜した「ゴールデンデリシャス」と「リチャードデリシャス」の子供の白肉品種である。赤果肉なのは父親の「ピンクパール」のほうで、アメリカ・カリフォルニア州で一九四四年に発表された。イチゴとリンゴのブリーダーであるアルバート・エターによって、赤果肉の「サプライズ」の自然交雑実生《こうざつみしょう》から育成され、日本には一九五二年（昭和二十七年）に導入された。「レッドパール」は赤い果皮に赤果肉だが、「いなほのか」は果皮が黄色で果肉が赤い。両品種ともに、生食用にも加工用にも向く。また、主要品種ほとんどと交雑親和性があって実をならせるため、受粉樹としても使える。さらにどちらも赤肉品種としては収穫期が早いことも特徴である。

吉家一雄は農業大学校時代に、県の試験場で見た果肉の赤い小さなリンゴに衝撃を受けて、育種を始めた。約三〇年をかけてこれまでに品種登録したのは、「いろどり」、「なかののきらめき」、「なかの真紅」、「炎舞《えんぶ》」、「ムーンルージュ」、「冬彩華《とうさいか》」の六品種。これらを中野市の特産品と全国展開の二つの方向性で品種を使い分けて、普及させようとしている。

最初に育成されたのが「紅玉」に「ピンクパール」を交配して育成した「いろどり」であり、残りの五品種はすべて「いろどり」が母親になっている。つまりここでも「ピンクパール」が育種素材になっていることになる。

青森のリンゴを世界へ

青森県に内務省から配られた三本の苗木が植えられたのは、北海道よりも六年遅い一八七五年（明治八年）であった。ここから始まるリンゴ栽培のおかげで、青森の人々は飢えと無縁の生活を手に入れることになる。

いまや、青森県は日本産リンゴの半分以上を生産している。そしてそのうち三割近くを占めるのが弘前市だ。じつに弘前市の生産量は、県別生産量第二位の長野県よりも多い。

津軽富士とも呼ばれ、空に浮かぶ稜線《りょうせん》に見惚れてしまう岩木山《いわきさん》。美空《みそら》ひばりの「リンゴ追分」でも歌われたこの山の裾野一面に広がるリンゴ畑は、一度見れば忘れられない光景である。秋に一本のリンゴの老木がしなった枝に折れんばかりに抱える果実の重さは、三〇〇キログラムを超える。

明治維新直後といまとを比べたときにもっとも目立つ変化は、津軽地方においてはリンゴの木の多さである。一四〇年間かけて大都市にビルが立ち並んだように、津軽のリンゴの木も人の手によって大きく育った。

この岩木山麓に、リンゴの生産、販売、加工、輸出を手がける片山《かたやま》りんご株式会社がある。片山寿伸《ひさのぶ》が経営する片山りんごは、二一ヘクタールものリンゴ畑を所有し、日本屈指の生産量を誇る。青森県ですらリンゴ生産者の平均耕作面積は一ヘクタール程度であるから、規模的にも図抜けた存在だ。

しかし、片山りんごはもともとこれほどの大規模な生産者だったわけではない。農産物全般にいえることだが、生産者は消費者の嗜好《しこう》の多様化、輸入品との競争、生産者の高齢化といった問題を抱えている。青森県のリンゴの耕作面積もまた減少の一途をたどっており、じつに毎年一〇〇ヘクタールを超えるリンゴ畑が耕作放棄地に変わっている。そんな逆風に立ち向かうかのように、リンゴ生産を続けられなくなった生産者の畑をそのまま買い取る形で、一気に耕作面積を増やしたのである。

片山は先祖代々続くリンゴ農家ではない。津軽では新参者といってよい。だが片山の父信光は、弘前で最初に無袋栽培に取り組んだ人物でもある。

果実に紙袋をかける有袋栽培は、シンクイムシを防ぐ目的で明治半ばから広まった日本独自の栽培方法である。害虫だけでなく果皮の傷も防ぎ、さらに貯蔵期間を延ばすことができたために、リンゴで流行《はや》って当たり前の技術となっていた。

品種名	母親	父親	育成者	育成年
ぐんま名月	あかぎ	ふじ	群馬県農業総合試験場	1991
秋映	千秋	つがる	小田切健男（長野県）	1993
きおう	王林	千秋	岩手県農業研究センター	1994
シナノスイート	ふじ	つがる	長野県果樹試験場	1996
シナノゴールド	ゴールデンデリシャス	千秋	長野県果樹試験場	1999
トキ	王林	ふじ	土岐伝四郎（青森県）	2004
千雪	金星	育成系統	青森県農業研究センター	2008
はつ恋ぐりん	グラニースミス	育成系統	青森県産業技術センター	2013

図表11　本文で触れていないリンゴの主要品種

一方の無袋栽培とは、果実に袋かけをしないで生産する方法である。メリットは糖度が高まり味がよくなること、手間が格段に省けること。ただその一方で、果皮の発色が悪くなるため、見た目は袋かけしたものと比べてかなり劣ってしまうという問題があった。見た目の悪さは出荷価格に跳ね返ってくる。そのため弘前の生産者は、誰も無袋栽培に切り替えようとはしなかったという。

片山の父は、生産者の生活を楽にする前例を作ろうと、信念を持って無袋栽培を続け、販路を自ら切り拓くことに成功する。いまではスーパーで普通に見かけるようになった「サンふじ」、「サンつがる」、「サン陸奥」と呼ばれる商品がそうだ。頭についている「サン」は、あくまでも降りそそぐ陽《ひ》の光を十分に浴びた無袋栽培のリンゴという意味であって、品種自体は「ふじ」「つがる」、「陸奥」とまったく同じである。

片山は、自分の役目は青森のリンゴの風景を残し、しっかりと次の世代に引き継ぐことだという。

「リンゴの木はだいたい二〇年で一人前の量が採れる大人の木になり、六〇年は楽に生きるんです。大事に育てれば一〇〇年を超えても元気に育ちます。これって人間に似ていますよね。さらに収穫は一年に一度きり。ですからリンゴの木は昔から人と同じペースで一緒に歴史を刻んできたんです。そんな木を人間の都合で簡単に棄《す》ててしまってよいのでしょうか」

こう語った後に、中国で一個二〇〇〇円で売れた「大紅栄《だいこうえい》」という紅色の大きなリンゴを取り出してくれた。地元の工藤清一さんが育種した品種で、期待の戦略商品だという。はたして「大紅栄」は、わたしがこれまで食べたことのあるリンゴとは明らかに違う風味だった。様々な品種の特徴が次々に現れてくるような複雑な味。ヒットしてほしい品種だ。

第4章　ダイズ——縄文から日本の食文化を育んできた豆

二〇一〇年ごろまでは、ダイズはイネと同時期に中国大陸から日本にもたらされたとされてきた。すなわち定説は、おもに黄河《こうが》中下流域で栽培化されたダイズが弥生時代に渡来したというものであった。理由は、国内では弥生時代前期以降しかダイズの存在を確認できていなかったからである。

それがいまでは、約五〇〇〇年前の縄文《じょうもん》中期にまで遡り、ダイズは日本でも独自に野生種から栽培化されたと考えられるようになっている。山梨県立博物館と同考古博物館等の共同研究グループが、山梨県北杜《ほくと》市にある酒呑場《さけのみば》遺跡で出土した縄文中期の蛇体把手付《じゃたいとってつき》土器の把手に埋め込まれていた大豆の痕跡を発見してくれたおかげだ。

ダイズの野生種はツルマメ（*Glycine soja*）といい、中国大陸から朝鮮半島および日本列島に広く分布している。ツルマメは周囲の草に絡まって茎を伸ばし、八～九月に薄い赤紫色の花を咲かせる。莢《さや》の長さは三センチメートルに届けば大きいほうだ。種子は黒く、五ミリメートル

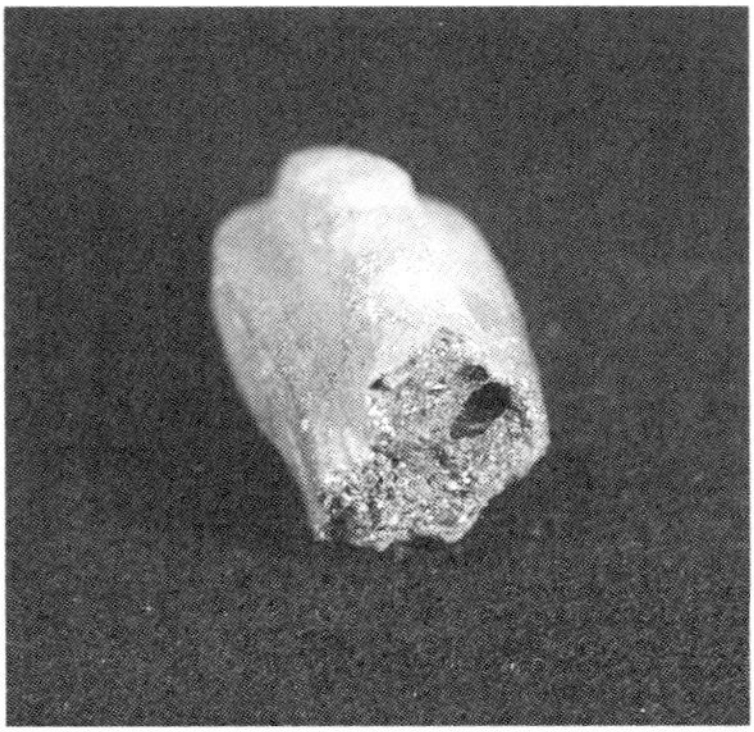

図表12　酒呑場遺跡の大豆痕跡
（写真・山梨県埋蔵文化財センター）

×三ミリメートルのやや平たい形をしている。道端でよく見かけるカラスノエンドウと比べてみても、花だけでなく莢もより小さい。その形状からして、大豆のご先祖様だとはすぐには信じられない。

畑で見かけるダイズには、ツル植物の面影はまったく感じられない。だが晩生品種を早生品種とともに春に播いてみれば、前者は野生の姿を取り戻す。花芽《かが》分化に関する性質がツルマメに近い晩生の品種は、なかなか花を咲かせずに茎をツル状に伸ばすのである。これは本来ダイズが、昼間よりも夜が長くならないと蕾《つぼみ》のもととなる花芽を分化しないという、アサガオのような短日《たんじつ》植物に近い性質であることを示している。

日本では縄文時代中期から五〇〇〇年という時を経て、全国各地で様々な特徴を持つ在来種が育まれてきた。在来種とは、ある地域で昔から栽培され代々受け継がれた種子をさす。他の国と比べて日本に多種多様な古い品種が生きながらえていられるのは、海に囲まれ南北に細長く高低差も激しい国土のおかげだといえる。

ダイズの品種は環境に縛られる。いや、土地を選ぶのである。

大豆の規格

ダイズは重要作物だけあって、農産物検査法における農産物規格規程により、種子である大豆の大きさが次の四段階に分類されている。四種類のふるいを用いて、四・九ミリメートル以上五・五ミリメートル未満のものを極小粒、五・五ミリメートル以上七・三ミリメートル未満を小粒、七・三ミリメートル以上七・九ミリメートル未満を中粒、七・九ミリメートルを超えるものが大粒と定められているのである。納豆業界も基本的にこれに準じて商品に表示している。

あらためて極小粒納豆を見つめると、大豆のくせに小豆より小さいことが気になってくる。小豆の場合は、大粒の大納言が五・五ミリメートルのふるいに残るサイズであるため、名前の逆転現象が起きてしまうのだ。

ただこれも大豆の名前の由来さえ知っていれば、不思議でも何でもない。

そもそも大豆は大きな豆ではなく、大いなる豆なのだから。

畔豆

秋の黄昏時《たそがれどき》、刈り終えた水田の中の一本道を歩いていたら、ふと何者かの気配が気になった。見られているのかつけられているのか。野生動物かもののけか。臆病のスイッチが入った身体

図表13　『広益国産考』に描かれた畔豆絵
（国立国会図書館蔵）

は五感の力が高まる。急に何かが動き回る音が聞こえてきた。単体ということはありえない。かなりの数だ。自分を囲みながら移動している？　小走りに明かりをめざす。
もののけの正体は翌朝すぐに判明した。ダイズがはじけた音だったのだ。

豆殻のぱちり〳〵と野分哉《のわきかな》

小林一茶の句である。
ダイズの別名でもある畔豆《あぜまめ》は、たんぼの畔で育てるダイズのことを意味していた。大蔵永常は『広益国産考』の中で、畔豆を植えることを強く推奨している。せっかく手軽な食糧増産の知恵を授けたのに、聞く耳を持たない藩があることを残念がっているほどだ。

農業技術が発達していなかった当時において、畔豆栽培がイネとダイズの双方によい影響をもたらす極めて合理的な方法であったことは、いまでは常識になっている。

大豆の用途

日本の食文化も日本人の健康長寿も、大豆加工食品を抜きには語れない。

国産大豆の用途は、豆腐五三％、納豆一六％、煮豆総菜一〇％、味噌《みそ》・醬油一〇％となっている（農林水産省ホームページ「大豆のまめ知識」〝国産大豆の主要な用途は？〟）。

これらに加えて近年は豆乳の伸びが目立つ。豆乳の出荷量は一九九八年（平成十年）の三万三八三三キロリットルから二〇一七年（平成二十九年）の三三万五六八九キロリットルへと、じつに二〇年間で約一〇倍に拡大しているのだ（日本豆乳協会豆乳等生産量等調査）。

豆乳は例外として、豆腐、納豆、味噌、醬油、いずれも和食に欠かせない加工食品である。ところが現実には、国内で使われる大豆はアメリカからの輸入が約七割を占めている。一九九四年（平成六年）には二％と、最低を記録した大豆の自給率は回復傾向にあるとはいえ、まだ七％にすぎない。

豆腐

数ある大豆加工食品中、日本では豆腐の製造量が頭抜けて多い。昭和に入って全国的に豆腐製造所が増え、一九六〇年（昭和三十五年）には五万一五九六ヶ所とピークに達した（厚生労働省健康局生活衛生課資料）。

まずは豆腐づくりに必要となる大豆の量をおさえておきたい。一キログラムの大豆から豆腐が何丁作られるかだ。正解は、一丁三〇〇グラムの豆腐が一一～一三丁である。

都道府県庁所在地と政令指定都市を合わせた五二都市における、二人以上の世帯あたりでもっとも豆腐の消費量が多いのは、静岡県浜松《はままつ》市であり、その量は年間九九丁である。八一丁という平均値と最下位北海道札幌市の五八丁から判断するに、豆腐は全国でくまなく食されているといえよう（総務省統計局家計調査二〇一五―一七年平均）。

書物に残る限り、豆腐が日本の歴史に登場したのは、一一八三年（寿永《じゅえい》二年）の春日大社《かすがたいしゃ》若宮《みや》の神主、中臣祐重《なかとみすけしげ》の日記が最古である。

庶民が豆腐を口にできるようになったのは、それから約四五〇年経った江戸時代初期から。天下泰平の時代、豆腐はなくてはならない食材となっていた。

徳川《とくがわ》第十代将軍家治《いえはる》の時代、一七八二年（天明二年）に『豆腐百珍』という本が大ベストセラーとなった。醒狂道人《すいきょうどうじん》何必醇《かひつじゅん》が著した『豆腐百珍』は、豆腐のレシピを一〇〇種類紹介した料理本である。ひとつの食材でバリエーションを広げられる料理本のニーズは、昔もいまも変わらない。それどころか、食材が限られていた当時のほうが、ずっと価値は高かったはずだ。

その証拠に、『豆腐百珍』の一〇〇種類に続き、翌年の『豆腐百珍続編』では一〇〇＋附録三八の一三八種類、翌々年の『豆腐百珍余録』の四〇種類とトータル二七八ものレシピが紹介された。

いまや料理レシピサイトが満たしているニーズは、こと豆腐に関しては二三〇年前にすでに解消されていたことになる。

納豆

この五〇年間で豆腐に対する支出金額が下がり続けているのに対し、納豆は右肩上がりで四倍以上にまで増加している（総務省家計調査年報）。もはや「関西人は納豆嫌い」も一般論として語れなくなってきているほどだ。

ともあれ納豆の生産量ナンバーワンは、水戸納豆の茨城県である。「おかめ納豆」で知られ、全国各地に工場を有し、一社抜きん出た存在のタカノフーズも、茨城県が創業の地だ。

納豆菌で発酵させた糸引き納豆が作られるようになった時期も、豆腐同様にはっきりしない。源《みなもとの》義家《よしいえ》が、戦の際に大豆の煮豆を藁《わら》で包み馬で運んでいたら納豆になっていたという、よく語られる昔話は、西暦一〇〇〇年ごろの平安時代である。たしかに納豆は、煮豆と納豆菌の胞子が付着した稲わらが出合わない限り生まれえない。ただ、この出合いがいつどこでどうして起きたのかは、書き残されていないのだ。

そもそも納豆菌はどこにでも存在するし、特に稲わらを好む。煮豆と稲わらが出合う機会など、それ以前にいくらでもあったと考えるほうが自然だ。納豆の発明はおそらく、源義家などの昔話よりもずっと早くに、日本各地で起きていたのだろう。

納豆を庶民が広く食べるようになった時期は、江戸時代中期に入ってからであった。きっかけは醤油が安く手に入るようになったためだとされる。それ以降は江戸を中心に、各地で滋養に富む手軽なおかずとしての地位を確立していった。

また戦後の右肩上がりの消費拡大には、いくつかのイノベーションがあった。まずは一九五六年（昭和三十一年）のポリ容器と、昭和四十年後半から昭和五十年代前半にかけてのたれ付き納豆である。これらの発明により納豆の地位が高まった。さらに、一九七七年（昭和五十二年）に一人分の個別包装が登場するにいたって、納豆は名実ともに国民食となったのである。

味噌

味噌の用途といえば、なにはさておき味噌汁であろう。日本人の誰もが味噌汁を飲むようになったのはいつ頃からかというと、江戸時代からである。その要因は二つあった。全国的にすり鉢が普及して誰もが簡単に大豆をつぶせるようになり、自家製味噌づくりが盛んになったこと。「手前味噌」の言葉が生まれた時代背景である。特に江戸では、千代田《ちよだ》区麹町《こうじまち》の名に残るように、半蔵門《はんぞうもん》から四ツ谷《よつや》駅にかけての一帯に麹屋が多数生まれて、味噌づくりを容易にした。もうひとつはその後の、大都市における味噌屋の創業ラッシュ、味噌は買うものというライフスタイルへの変化であった。

味噌は大きく分けて三種類に分類される。いうまでもなく米味噌、麦味噌、豆味噌である。これらの違いは、主原料の大豆に加える麹のもととなる麹菌が何で繁殖されたかによる。

味噌の色の違いは、発酵・醸造の過程で起きるアミノ酸と糖によるメイラード反応による。パンがキツネ色に焼けるのもメイラード反応が起きているためだ。白味噌はこの反応を抑えるための工夫をして、赤くならないようにしている。具体的には、赤味噌は蒸した大豆を用いるのに対し、白味噌は煮た大豆を用いる。煮ることで豆の糖質が減るためである。さらに煮る前に大豆の皮を除去したり、着色しにくい麹を使うといった方法もとられる。もちろん熟成期間の長さも色の濃さに影響する。

醤油

醤油の最初の一滴は、和歌山県有田《ありだ》郡湯浅町《ゆあさちょう》で生まれた。きっかけは一二五四年（建長《けんちょう》六年）、宋《そう》に渡り径山寺《きんざんじ》での修行を終えた覚心《かくしん》が、紀州《きしゅう》湯浅で布教を始めたことによる。秘伝の味噌づくりも会得してきた覚心は、禅宗の教えとともに味噌の作り方も教えたからである。

どんなことでも環境が変われば同じようにはいかないものだ。失敗は成功の母という言葉もある。醤油はどうやら、径山寺味噌から分離した液体から生まれたらしい。

なお、河原信三《かわはらしんぞう》の『入宋覚心』によれば、覚心は別途修行した金山竜遊江寺で金山寺味噌の醸造方法も学んだとある。

また覚心は、生まれ故郷の信濃国《しなののくに》にも味噌づくりの技術を伝えたと言い伝えられている。

さて、生業としての醤油製造は室町時代末期の一五三〇年代に始まった。現在もっとも多く生産されているのは千葉県で、全国の約四割を占める。一位のキッコーマン、二位のヤマサ醤油、四位のヒゲタ醤油と、トップ4のうち三社の創業地が千葉県なのだから、当然ではある。ちなみに三位は群馬県の正田《しょうだ》醤油だ。一方で、発祥地の和歌山県は四三位と見る影もない。

醤油は二つのルートで紀伊国《きいのくに》から下総国銚子に伝わった。ひとつは摂津国《せっつのくに》（現大阪府）経由で、もうひとつは太平洋経由である。九十九里浜《くじゅうくりはま》はイワシの豊かな漁場であり、干鰯《ほしか》の原料を求める紀伊の漁師にとってなじみの土地であった。このようにもともと漁業でつながりがあったうえに、銚子の気候風土が湯浅と似ていたことが大きかった。すなわち醤油づくりの肝である麴菌や酵母の生育に、銚子は適していたのである。加えて原材料の大豆、小麦、塩を手に入れやすい土地でもあった。

関西の特産品であった醤油が、関東で初めて造られたのは一六一六年（元和《げんな》二年）、徳川家康《いえやす》が没した年である。摂津国西宮《にしのみや》（現西宮市）の酒造家で海産物問屋も営んでいた真宜九郎右衛門《さなぎくろうえもん》に勧められ、名主の田中玄蕃《たなかげんば》が醸造を始めた。これがヒゲタ醤油のはじまりである。続いて一六四五年（正保《しょうほう》二年）には、紀州から渡ってきた浜口儀兵衛《はまぐちぎへえ》が銚子で創業する。こちらはヤマサ醤油となった。

一方でシェアナンバーワンのキッコーマンは、内陸の野田で創業している。時は一六六一年（寛文元年《かんぶん》）の高梨《たかなし》兵左衛門の醬油づくりに始まる。

京都を抜き人口日本一の都市へと発展した江戸という大消費地を得て、銚子と野田の醬油産業は発展し続けた。

この間には、それまで江戸をおさえていた上方《かみがた》（関西）からの下《くだ》り醬油を駆逐している。千葉の醬油が関西の醬油に勝てた要因は二つあった。ひとつは味で、もうひとつは地の利である。味については、高級かつ高品質だと認められていた関西のたまり醬油に対して、別の醬油で勝負を挑んだことが奏功した。それこそが濃口醬油である。たまり醬油が大豆のみを原料とするのに対して、濃口醬油は大豆と小麦でつくられる。原料に小麦を加えたことで、たまり醬油よりも複雑な味となった。この味が江戸庶民の嗜好に合ったのである。

用途別に求められる特性

国内のダイズ育種は、エダマメ用途は民間で、それ以外は官でというおおまかなすみ分けがされている。官での育種は、一八九三年（明治二十六年）に農事試験場が創設されて在来品種の収集と比較試験が始められ、陸羽《りくう》支場（現農研機構東北研究センター）では一九一〇年（明治四十三年）からダイズの選抜育種が行われた。

ここからは、用途別に求められる大豆の品種特性について紹介しよう。

豆腐用には、高タンパクで粒が大きい品種が求められる。理由は、タンパク質含量が高ければ高いほど硬い豆腐ができ、豆腐にした際の収率も高くなるからだ。もしタンパク質が少ない品種だと、豆腐が固まりにくくなってしまうのである。

逆に納豆には、小粒の品種が向く。粒が小さければ体積あたりの表面積が増えて納豆菌がつきやすくなるためだ。また大豆には、小粒になればなるほど炭水化物含量が増えて油分が少ない傾向があり、吸水しやすくなるのである。さらに見た目の観点から、種子の臍《へそ》の部分が黒ではなく、白くて皮が裂けにくいことも必須条件となる。加えて早生がよいのは、台風シーズン前に収穫を終えられれば安定した収量を確保できるためだ。

煮豆用であれば、臍が種皮と同じ色で粒が大きく、皮が裂けにくく煮くずれもしにくい品種となる。納豆以上に見た目を重視しているのがよくわかる。煮豆の場合は、さらに高糖度であることも求められる。全糖含量が高いと吸水性や保水性がよくなるため、豆が軟らかくなりやすいのである。

味噌用は、大豆を加熱したときの色合いが明るい品種となる。加えて、タンパク質、糖質ともに多いほうがよい。特にタンパク質は麴菌の酵素で分解されてアミノ酸になり、うま味のもととなるからだ。

醬油にも高タンパクの品種が求められるのは同じだが、味噌とは異なり脂質が少ないという条件が加わる。脂質が少ないほうが酵素が働きやすいためである。

豆乳用は、なんといっても糖分含量の多い品種が求められる。さらに最近では、青臭みの原因物質が少ないという条件が加わるようになった。

日本の主力品種

二〇一七年（平成二十九年）の国内の大豆の収穫量は二五万三〇〇トン、作付面積は一五万二〇〇〇ヘクタールである。作付面積の上位二県は、北海道と宮城県で二〇年以上動きはない。

二〇一五年度（平成二十七年）の生産面積トップ五品種は、「フクユタカ」、「ユキホマレ」、「エンレイ」、「リュウホウ」、「タチナガハ」である（農林水産省平成二十七年度品種別作付状況）。「フクユタカ」のシェアが二五・一％で、「ユキホマレ」が九・九％だから、「フクユタカ」一強時代といえる。

ナンバーワンの「フクユタカ」は、九州、四国、東海で圧倒的な作付面積を誇る。広い環境条件に栽培できる広域適応性を持ち、高タンパク質含量を特徴とする豆腐向きの品種である。品種指定での原料確保が容易であることも、売りのひとつになっている。ただし、臍が黒っぽく、豆がやや硬いために、煮豆や総菜用には向かない。「フクユタカ」が育成されたのは一九八〇年（昭和五十五年）で、国の九州農業試験場（現農研機構九州沖縄農業研究センター）によってである。

二位の「ユキホマレ」は、煮豆、納豆に向く。もちろん臍は白い。また味噌にも適している。

「ユキホマレ」は二〇〇一年（平成十三年）に、北海道立十勝《とかち》農業試験場（現道立総合研究機構）によって育成された。莢から大豆がはじけ飛びにくい難裂莢性《なんれっきょうせい》を持つためコンバイン収穫に適し、収量を減らすダイズシストセンチュウにも抵抗性がある。明治時代に国内で確認されたダイズシストセンチュウは、ジャガイモの章で紹介したジャガイモシストセンチュウと同様の被害をもたらす。加えて「ユキホマレ」は低温に耐えられるため、北海道の生産者が待ち望んでいた品種だといえる。「ユキホマレ」の生産はほぼ北海道に限られるものの、北海道でのシェアは四一・五％にまで達している。

三位は「エンレイ」である。日本のダイズ育種は、この「エンレイ」なくして語れない。なぜなら、もし「エンレイ」が登場しなければ、日本の大豆生産は生きながらえなかったはずだからだ。

一九五〇年（昭和二十五年）は、国産大豆と輸入大豆がほぼ同量となった年である。ご想像の通り、これ以降の自給率は下がる一方となった。一九六一年（昭和三十六年）の輸入自由化、とどめは一九七二年（昭和四十七年）の関税撤廃である。安い海外産大豆が大量に出回る中で、国内の大豆産地は消滅しかねない状況に追い詰められた。このとき、「エンレイ」は圧倒的な品質の差を見せつけて、国産大豆の地位を死守したのである。

「エンレイ」を育成したのは、長野県農業試験場桔梗《ききょう》ヶ原《がはら》分場（現長野県野菜花《か》き試験場）であり、一九五七年（昭和三十二年）に農林省大豆育種指定試験地が各地に設置された際に、そのひとつに選ばれた。桔梗ヶ原は長野県中央部の塩尻市《しおじり》にあり、ブドウの名産地としても知られる。

のちに「エンレイ」が得られる組み合わせの交配が行われたのは、一九六一年であった。これが大豆の輸入が自由化された年ときているのも、なにやら因縁めいている。「エンレイ」は高タンパクであり、豆腐、煮豆、味噌に向く。さらに麦の収穫後の遅播《おそまき》でも収量を確保できる。加えてダイズには珍しくさまざまな環境で栽培できる特性を有する初めての品種でもあった。その証拠に一九八一年（昭和五十六年）から一九九〇年（平成二年）まで全国一位の作付面積を誇り、北陸《ほくりく》地方ではいまだにトップをキープし続けているほどである。なお、「エンレイ」の名は、桔梗ヶ原から諏訪《すわ》湖《こ》方面に見える塩嶺《えんれい》峠にちなむ。

トップ3に加えて、近年栃木県、茨城県以北の本州で急拡大している品種をひとつ紹介しておきたい。第六位の「里のほほえみ」だ。

「里のほほえみ」は一九九六年（平成八年）に東北農業試験場（現東北農業研究センター）で交配され、二〇〇九年（平成二十一年）に育成された。タンパク質含量が高く豆腐と味噌向きであるため、「エンレイ」の改良品種と位置付けられている。減収を引き起こすダイズモザイク病に弱い「エンレイ」とは異なり、抵抗性であるうえに難裂莢性も有し、より多収である。さらに大粒で外観も優れるため、煮豆にも向く。近々トップ3入りするのは間違いないであろう。

北海道産では「とよまさり」という名前をよく目にする。ただし「とよまさり」は品種ではない。白目、大粒、高糖度を売りにした「トヨムスメ」、「トヨコマチ」、「トヨホマレ」、「トヨハルカ」、「ユキホマレ」、「とよみづき」の六品種を合わせた銘柄なのだ。

最後に、納豆用の品種についても触れておこう。納豆の原料となる大豆はアメリカ産とカナダ産が大多数を占めており、国産比率はわずか四％前後にすぎない。したがって現在では、国産品種の必要性も他の用途と比較すると低い。国内での作付順位は、「ユキシズカ」、「スズマル」、「納豆小粒《しょうりゅう》」の順となっている。

日本一の産地は北海道

すでに述べたように、ダイズの栽培面積は、北海道と宮城県が不動のトップ2である。ここでは、日本一の産地である北海道の状況についておさえておきたい。

北海道での品種改良は、一九二六年（大正十五年）に十勝農事試験場で始まった。道内ナンバーワン品種の移り変わりは、多収の「十勝長葉《ながは》」（一九四七年育成）に始まり、耐冷性に優れた「北見白《きたみしろ》」（一九五六年育成）、ダイズシストセンチュウ抵抗性を有する「トヨスズ」（一九六六年育成）、味噌・醬油づくりに向く「キタムスメ」（一九六八年育成）、耐病性に優れた「トヨムスメ」（一九八六年育成）、二〇〇一年（平成十三年）育成の「ユキホマレ」となって現在にいたる。

二〇〇七年（平成十九年）に「トヨムスメ」を抜いた「ユキホマレ」は、先ほど紹介した国内生産量第二位の品種だ。

新千歳《しんちとせ》空港から北に三〇キロメートルのところに、大豆日本一を謳《うた》う町がある。道内一位の生産量を誇る夕張《ゆうばり》郡長沼町《ながぬまちょう》だ。長沼町の主力品種は「トヨムスメ」と「ユキホマレ」で、両者ともに甘味が強く煮豆向きの特性を持つ。

長沼町に続く道内二位は、十勝地方の河東《かとう》郡音更町《おとふけちょう》である。

大袖振

「大袖振《おおそでふり》」という種類のダイズがある。この名前には見覚えがあるぞという人は結構多いのではないだろうか。それはおそらくお菓子のパッケージで、岩塚《いわつか》製菓の定番商品「大袖振豆もち」のはずだ。「大袖振」は甘味が特徴であることから、おもに炒《い》り豆や米菓に用いられてきた。

厳密にいうと「大袖振」は品種名ではない。明治から大正にかけて、道東および道北で栽培されていた来歴不明の在来種群を意味する。おいしい青豆として誰にでもわかるだけの味の差があったのだろう。「大袖振」のブランドは揺らぐことなくいまにいたっている。

現在、「大袖振」と呼ばれるのはおもに次の二品種、「音更大袖」と「大袖の舞」である。「音更大袖」は音更町で一九五〇年（昭和二十五年）ごろから栽培されていた在来種で、一九六六年（昭和四十一年）の大冷害時に冷害に強いことがわかり普及した。他の「大袖振」在来種より粒が大きいことも特徴である。岩塚製菓の「大袖振豆もち」には、この「音更大袖」が用いられている。

「大袖の舞」は一九九二年（平成四年）に十勝農業試験場によって育成された。「大袖の舞」は「音更大袖」とは異なり、選抜育種ではなく交雑育種で改良されている。父親は道内で作付一位にもなった「トヨスズ」である。「大袖の舞」は「音更大袖」より耐冷性は劣り、豆もや小さいものの、収量性は優れている。また、ダイズシストセンチュウ抵抗性を持つ点も、「大袖振」在来種にはない特徴である。

「大袖の舞」の外見上の違いは莢とマメにも現れる。他の在来種の莢の毛は褐色で豆の臍は黒っぽいのに対し、「大袖の舞」は莢の毛が白く臍が黄色なのである。したがって「大袖の舞」であれば、「大袖振」ブランドで枝豆や煮豆の商品も作れるというわけなのだ。

ブリーダー目線では、「大袖の舞」は「音更大袖」よりも優れた品種だと思える。ところが生産量を比べてみると、いつまで経っても「音更大袖」に及ばずにいる。理由は「音更大袖」のネームバリューと、莢の毛の色と豆の臍の色が異なることで、「大袖の舞」が「音更大袖」の改良品種だとはみなしてもらえないためなのだ。

「大袖振」の知名度の高まりにより、「大袖の舞」も「音更大袖」も、いまでは用途が豆腐や味噌にまで広がってきている。ただ残念なことに、なにやらいわくがありそうな名前の由来ははっきりしない。

枝豆は豆に分類されない

枝豆は豆ではない。

驚くことに、農林水産統計において枝豆は、穀類の大豆とは切り離されて野菜に分類されるのである。これはトウモロコシも同じことで、完熟していれば穀類となり、未成熟のスイートコーンは野菜扱いになる。

枝豆はいまでこそ英語圏でも edamame で通じるようになったが、当初は green vegetable soybean と呼ばれていた。

二〇一七年度産の枝豆の収穫量は六万七七〇〇トン、栽培面積は一万二九〇〇ヘクタールである。これに対し大豆はそれぞれ二五万三〇〇トン、一五万二〇〇ヘクタールとなっている。両者を重さで単純比較するわけにはいかないが、栽培面積で比べれば、枝豆が大豆の約一二分の一といったところだ。

都道府県別の収穫量は、北海道、群馬県、千葉県、埼玉県、新潟県、秋田県の順であった（農林水産省作物統計調査）。市町村ランキングだと、トップはかつては山形県鶴岡《つるおか》市で、いまは千葉県野田市に変わっている。野田市が鶴岡市を抜いた要因は、二〇〇三年（平成十五年）の東葛飾郡関宿町《せきやどまち》の編入による。

枝豆の収穫適期は三日間。莢の育ち具合は一律ではないから、時期の見極めは難しい。莢を筋のある面から見て、豆のふくらみに対してくびれが一番細く見える時が採りごろだ。もうちょっと太らせたいという気持ちもわかるが、お勧めできない。採り遅れは、味と食感の両方で確実においしさのピークを逃している。家庭菜園ならば、ちょっと早いかなと思うタイミングで収穫してしまうに限る。

枝豆は収穫後に常温に置いたままにすると、二十四時間で糖含量が半減する。「枝豆は鍋を火にかけてから収穫に行け」というのは、あながちオーバーな表現ではない。だから生産者は夜明け前に収穫し始め、気温が高くなる前に作業を終わらす。産地によっては、これよりもっと早く深夜から収穫を開始していたりもする。

枝豆に含まれる糖とアミノ酸は夕方に増える。日没後は呼吸で消費して徐々に減っていき、日が昇ると気温の高さでさらに一段と減ってしまう。したがって枝豆に関しては、朝採りは最高の状態とはいえない。夕暮れに収穫した枝豆を食べられるのは、家庭菜園ならではの醍醐味、最高の贅沢《ぜいたく》である。

大豆がいつ頃から枝豆として食べられるようになったかははっきりしないものの、語源は鎌倉時代に使われていた枝大豆だと考えられる。なお、江戸に枝豆売りが現れたのは明和年間（一七六四―七二）ごろだとされる。

寺島良安《てらじまりょうあん》が一七一二年（正徳《しょうとく》二年）までかかって著した『和漢三才図会』は、江戸時代の百科事典である。その中では大豆だけではなく、枝豆についても触れられていた。巻第百四、

「莢豆類」大豆《まめ》の項に、黄大豆の莢が若いうちに食べられると書かれている。

また、喜田川守貞《きたがわもりさだ》の『守貞謾稿《まんこう》』巻六には、図表14の絵とともに「江戸は莢の枝を去ず売る故に枝豆と云。京坂は枝を除き皮を去ず売る故にさやまめと云」と記されている。枝豆を売るスタイルが、江戸と関西では異なっていたことがわかる。

枝豆は、枝をつけているものと枝から外したものとでは、後者のほうが味が落ちるのが早い。はたして江戸の枝豆売りは、これを知ってそうしていたのだろうか。

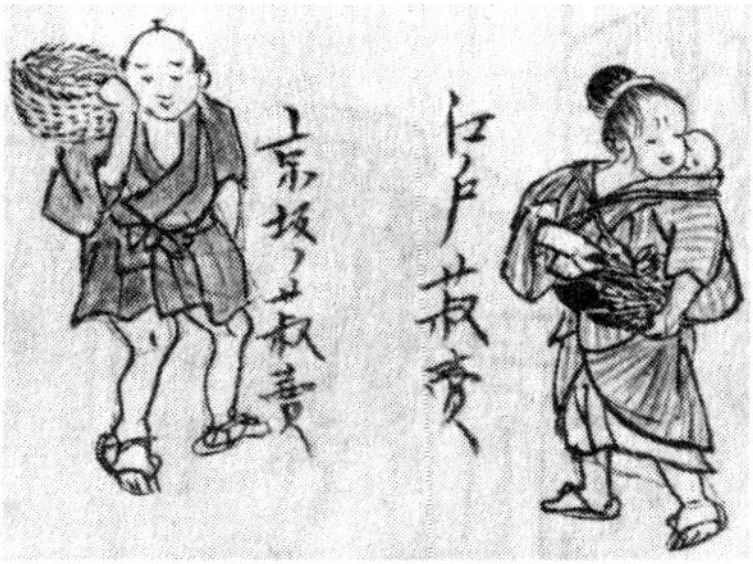

図表14　京坂と江戸の枝豆売りの絵
（国立国会図書館蔵）

枝豆は秋の季語

枝豆は秋の季語だと頭ではわかっていながら、夏に変えてもいいのではないかと思っている人は、かなり多いのではないだろうか。

豆名月《まめめいげつ》も秋の季語である。十三夜をあらわす豆名月の「豆」は、枝豆をさす。十三夜は旧暦の九月一三日であり、新暦では一〇月下旬にあたる。現代では、もうこの時分には国産枝豆は生鮮売り場から姿を消している。冷凍枝豆でもない限り、旧暦の豆名月に枝豆を食べるのは難しい。

すべての作物において、早生化は重要な育種目標となって

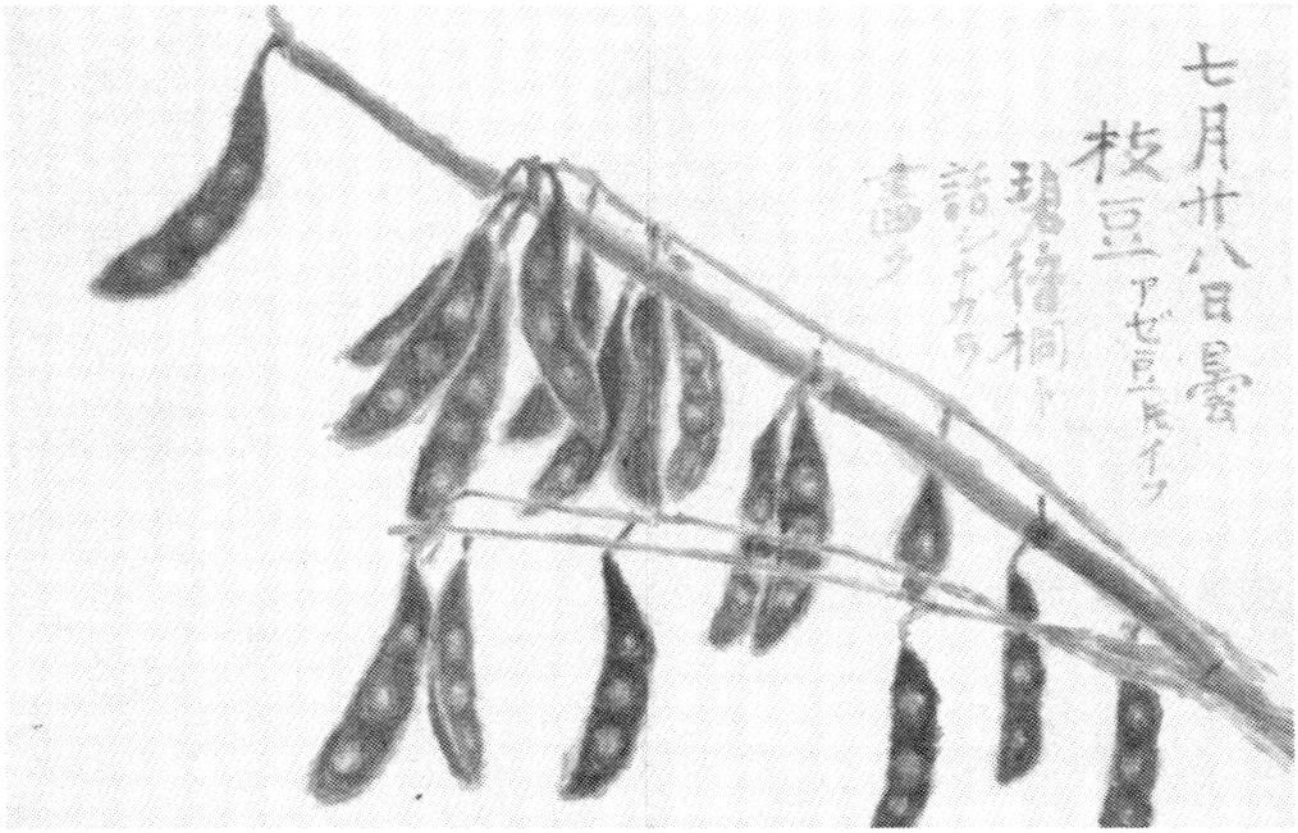

図表15　正岡子規『菓物帖』に描かれた枝豆
（国立国会図書館蔵）

いる。作物の旬がどんどんと前進してしまうのは、初物ほど高く売れるという市場原理が強く働き、そこに大きなビジネスチャンスがあるからだ。ブリーダーは季節感の破壊者だと考えると、妙に切なくなる。

枝豆ヤ月ハ絲瓜《ヘチマ》ノ棚ニ在リ

正岡子規の『仰《ぎょう》臥《が》漫録《まんろく》』に収められているこの一句が詠まれたのは、一九〇一年（明治三十四年）九月二三日であった。

品種改良による農作物の早生化と新暦への変更による年中行事のずれは、案外バランスがとれているのかもしれない。

だだちゃ豆

山形県の形は、左を向き口をあけた人の横顔に見える。ちょうどその上唇から鼻にあたる部分が、鶴岡市である。庄内《しょうない》地方はというと、上唇から顎までとなる。

鶴岡市の特産品だだちゃ豆は、二〇〇一年（平成十三年）に突如としてうまい枝豆の代名詞になった。県外の人で知っていれば食通の証になった在来種が、一気に全国に知れ渡ったのである。そのきっかけは、女優中山美穂《なかやまみほ》が演じたキリンビールのテレビCMであった。

何よりも、それまで食べていた枝豆と比べて甘く香りが強いという特徴が、誰にでもわかる違いであったからこそ。加えて、だだちゃという語感のインパクトも大きかった。

二〇一一年（平成二十三年）には、だだちゃ豆一〇〇グラム中にはシジミ一〇〇グラムよりも多くのオルニチンが含まれているという研究成果を、山形大学の阿部利徳《あべとしのり》教授が報告した。オルニチンは疲労回復に効果があるとされるアミノ酸だが、一般的な枝豆のオルニチン含量はシジミよりも少ないのに対し、だだちゃ豆にはシジミの倍量が含まれていたのである。「ビールにだだちゃ豆」には、単なる広告宣伝以上の意味があったのだ。

だだちゃ豆については、青葉高《あおばたかし》が『北国の野菜風土誌』の中で次のように述べている。

庄内ではダイズを枝豆と味噌豆に分けていて、味噌豆では品種はほとんど問題にされない。一方枝豆では沢山の品種や系統が分化している。この代表的なものがダダチャ豆で、このなかにも白山《しらやま》ダダチャ、小真木《こまぎ》ダダチャなど幾つかの系統が知られている。

庄内のダダチャ豆は恐らく新潟県の茶香《ちゃかおり》かそれと縁の近い品種が庄内に入り、鶴岡市付近の農家で作られるようになったものであろう。そして風味のよい点から、キングバナナなどの名称と同様に、豆の最たるものとしてダダチャ（主人、オヤジ）豆と呼ばれるようになったのではあるまいか。

人気品種を特定の産地だけで囲い込むのは難しい。特に種子で繁殖する品種は、すぐに他の産地でも栽培されるようになる。同じ品種でも生産者によって品質は異なるし、産地が変わればさらに振れ幅は大きくなる。特にその傾向が強いダイズは、品質管理とブランド保護の両面に気を配る必要がある。名の通ったブランドを持つ産地ならではの悩みは、尽きない。

「だだちゃ豆」に関してはJA鶴岡が商標登録しており、他の地域では生産はできても「だだちゃ豆」の名前では販売できない。加えて鶴岡地域だだちゃ豆生産者組織連絡協議会では、だだちゃ豆の品質の維持・向上のために、次の八品種をだだちゃ豆として認定している。収穫時期が早い順に、「早生甘露《かんろ》」、「小真木」、「甘露」、「早生白山《しらやま》」、「白山」、「晩生甘露」、「平田《ひらた》」、「尾浦《おうら》」である。㈲松柏《しょうはく》種苗部が育成した「庄内一号」、「庄内三号」、「庄内五号」も遺伝的には本物の「だだちゃ豆」なのだが、県外でも生産されるために認定品種からは外された。

もちろん、認定された八品種以外にもだだちゃ豆は存在する。これは歴史が物語っている。

だだちゃ豆は、庄内の人々がそれぞれに自家採種したその家独自の在来種のうまさを競うことで、他の枝豆にはない独特の味に磨きをかけていったのだから。

さて最初のだだちゃ豆は、青葉高が示したように新潟県新津《にいつ》から庄内へ伝わった茶豆が祖先だと考えられている。現代に残るだだちゃ豆でもっとも古い品種は、明治前半に太田孝太によって育成された「小真木」とされる。だだちゃ豆の名前は、「小真木」のうまさに惚れ込んだ元庄内藩主酒井忠篤《ただずみ》が、思わず作り手（だだちゃ）の名を尋ねたという故事にちなむらしい。

また、いまに受け継がれた多くのだだちゃ豆品種の元祖は、「藤十郎《とうじゅうろう》だだちゃ」だといわれる。「藤十郎だだちゃ」は、一九〇七年（明治四十年）に早生の「娘茶豆」の中に一株の晩生の変異株を発見したことに始まる。発見者は、白山《しらやま》（鶴岡市）の農家の女性・森屋初《もりやはつ》であった。「娘茶豆」は娘の嫁ぎ先からもらったものであった。森屋初はこの変異株から種子を採って選抜育種を続け、一九一〇年（明治四十三年）にオリジナルの品種の育成に成功する。そして父の名をとって「藤十郎だだちゃ」と名づけたのである。

育種の歴史に最初に名を残した日本人女性としては、一八九八年（明治三十一年）に埼玉県木崎村《きざきむら》（現さいたま市）でサツマイモの「紅赤《べにあか》」を発見した山田《やまだ》いちが知られる。「紅赤」は、川越《かわごえ》をはじめ埼玉県のサツマイモ産地発展に大きく貢献し、「金時《きんとき》いも」の名でも広く親しまれた。川越ではいまだに生産され続けているほどだ。「紅赤」を育成した、山田いちの功績は大いに讃《たた》えられるべきである。

ただサツマイモは一芋発見すれば、あとは増やすだけの栄養繁殖性の品目である。均一性と種子生産性を両立させつつ世代を進めていく固定化という、発見以降の技術が問われる種子繁殖性の大豆より普及は易しい。わたしはあえて、森屋初こそが日本初の女性ブリーダーだと考えたい。

庄内はイネの民間育種が盛んな地域であり、阿部亀治《かめじ》によって「亀ノ尾《かめのお》」が育成された。「コシヒカリ」や「ササニシキ」のうまさは、この「亀ノ尾」から受け継がれている。初の弟利吉もまたイネの育種に取り組んでいた。初はイネを手本に、明確な意図を持ってダイズの育種に取り組んだと考えられる。だだちゃ豆のルーツを知ると、だだちゃ豆ではなくじょっこ（娘っ子）豆と呼びたくなってくる。

万人受けするうまさを持ちながら、「だだちゃ豆」をはじめとする茶豆が関東でなかなか受け入れられなかったのは、見た目で敬遠された面も大きい。

よく見かける枝豆の姿かたちを思い浮かべてみてほしい。一莢に入っている豆はいくつだろうか。莢と豆の色形はどうだったであろうか。

豆の数は三粒の人が多いはずだ。茹《ゆ》であがった莢の色はきれいな緑で、中から飛び出てくる豆はより鮮やかな緑であろう。これが一般的においしいとされる枝豆の姿であり、青豆の特徴である。

ところが「だだちゃ豆」は青豆ではなく茶豆に分類される。茶豆は一莢に二粒のものが多いうえに、莢は汚れた印象を与える。それは莢に生えている細かな毛が青豆のような白ではなく、褐色だからである。さらに豆の緑色も黒ずんでいる。完熟したら茶色になる種皮は、枝豆のときに色づき始めるためだ。茶豆の存在を知らず青豆の枝豆に慣れ親しんでしまった者にとっては、茶豆の枝豆はうまそうには映らないために、なかなか全国に広まらなかったのである。

湯あがり娘

昔と比べてずいぶん味が変化した野菜がある。代表例はピーマン、ニンジン、トマトだが、枝豆も同じことがいえる。明らかに甘味が強くなった。

枝豆用の品種で最近の大ヒットといえば、「湯あがり娘」に尽きる。育成したのは群馬県に拠点を構えるカネコ種苗である。「湯あがり娘」の勝因はシンプルだ。見た目は普通の枝豆のほうが好まれるのであれば、味だけだだちゃ豆に近づければよい。要するに青豆にだだちゃ豆特有のうま味、すなわち香りと甘味を持たせることに、カネコ種苗は最初に成功したのである。

「湯あがり娘」は二〇〇二年（平成十四年）に品種登録された。これはだだちゃ豆を使ったビールのテレビＣＭの翌年であり、あまりにもタイミングが良すぎる。だが、このコンセプトを実現するための交配が行われたのは一九九六年（平成八年）と、育種会社の企画は広告代理店の一歩も二歩も先をいっていた。

「湯あがり娘」は、「小平方《こひらかた》茶豆」に「緑碧《りょくへき》」が交配されて育成されたのだが、母親の「小平方茶豆」の祖先が白山だだちゃなのである。

青豆と比較すると茶豆は相対的に晩生の品種が多い。「湯あがり娘」のすごさは、枝豆シーズンの先陣を切れる早生性にも表れている。ダイズはもともと夜が短い時期には開花できない短日植物である。にもかかわらず、一年でもっとも日が長い六月でも花を咲かせるうえに、幅広い環境条件下でも特性を発揮するために、プロの生産者だけでなく家庭菜園にも向く。さらに山形大学農学部及川《おいかわ》彰《あきら》准教授の調査によって、「湯あがり娘」の糖含量とアミノ酸含量は、認定された「だだちゃ豆」品種群の中でも上位に位置することが明らかにされている。「庄内一号」と作り比べ、食べ比べてみたわたしの実感でも遜色ない。

「湯あがり娘」は、育種のハードルを一度にいくつも跳び越えた品種だといえよう。加えて、ビール好きの男性の心をつかんで離さないネーミングの妙である。

「湯あがり娘」の欠点は、マメが小さいことと高温に弱いことぐらい。サカタのタネが育成した「おつな姫」など、同じコンセプトの競合品種が登場してくる中で、依然としてその地位を保ち続けている。

くろさき茶豆

新潟県は枝豆生産量では五位にとどまるものの、栽培面積では一位である。さらに、政令指定都市における二人以上の世帯については、新潟市は消費量、消費金額ともに二位に大差をつけた一位である。どうやら自家消費という観点で見れば、全国一の枝豆好きは新潟県民だといってよさそうだ。

「くろさき茶豆」は、二〇一七年（平成二十九年）にＧＩ（地理的表示保護制度）に登録された地域ブランドである。くろさきは新潟県新潟市黒埼《くろさき》地区を表し、茶豆には七月上旬から九月上旬まで収穫できる八品種が指定されている。

これら八品種の中には本茶豆と呼ばれる「小平方茶豆」がある。「小平方茶豆」は昭和初期に、山形に嫁いだ小平方地区の娘が、嫁ぎ先から譲り受けた茶豆が黒埼地区に広がったとされる。したがって「小平方茶豆」は「くろさき茶豆」の祖先だといえる。

だだちゃ豆の祖先は新潟から山形に伝わったことを思い返せば、人とともに土地を移った在来種が、その地の環境と嗜好に合わせて変化してきた歴史が浮かび上がってくる。「くろさき茶豆」が黒崎茶豆の名で、本格的に生産販売され始めたのは、昭和四十年代後半のこと。減反政策の煽《あお》りを受けて、米から他の作物に転換せざるを得なくなったためであった。

鶴岡市の「だだちゃ豆」をライバル視しているせいだろうか。新潟市の「くろさき茶豆」は収穫のタイミングにこだわっている。うまさを追求する黒埼地区の朝採りは、午前一時から始められる。

秘伝

青豆のうまい枝豆用品種ときたら、「秘伝」に触れないわけにはいかない。青豆では最大級の大粒と味の濃さが人気を集める。一九八八年（昭和六十三年）に発表された「秘伝」は、山形県で「だだちゃ豆」に次ぐ知名度を誇る。「だだちゃ豆」シーズンの後を引き受ける形で収穫が始まるから、よく山形の在来種に間違えられる。品種名がそう思わせてしまうのだろうか。けれどもこれは誤解で、育成したのは岩手県の佐藤政行《さとうまさゆき》種苗である。収集した北陸地方の在来種の中から優れた系統を選び、一九七八年（昭和五十三年）にそれに岩手県の在来種「香枝《かおり》豆」を交配して育成された。

佐藤政行種苗は「秘伝」の改良にも取り組み、二〇一四年（平成二十六年）には「秘伝」より一〇日早く収穫できて、より多収の「味ゆたか」を、ガンマ線照射による突然変異育種によって育成している。また、秋田県農業試験場が二〇一五年（平成二十七年）に品種登録した「あきたほのか」も、突然変異育種による「秘伝」の改良品種である。収穫時期を二週間早めた「あきたほのか」の場合は、ガンマ線を用いるのではなく、組織培養変異によって得られた。具体的には、子葉片を組織培養し、そこから得られた不定胚《ふていはい》由来のクローンを多数栽培し、その中から優れた個体を選抜したのである。不定胚とは、受精していないのに受精卵から形成された受精胚と同じ構造となる組織のことをいう。もちろんどちらも「秘伝」のうまさはそのまま変わらず保っている。

丹波黒大豆

だだちゃ豆よりも有名な品種といえば、丹波《たんば》黒大豆をおいてほかにない。

友人が枝付きで送ってくれた丹波の黒枝豆を初めて食べたときの驚きは忘れられない。とっさに頭に浮かんだ言葉は、「これぞ料亭の味」だった。莢の大きさ、莢から飛び出てきた豆の大きさと色、そして味の深み。大豆の中で世界一の大きさを誇る品種ならではの食べ応え、独特のもっちり感とその食感とが合わさった濃いうま味、すべてがわたしの想像を超えていた。

一般的な黒大豆が一〇〇粒当たり四〇グラム程度の重さであるのに対し、「丹波黒」は八四グラムにもなる。開花から収穫までの日数は、それぞれ七〇日と一〇〇日である。一ヶ月分多くうま味を貯《た》め込んだと思えば納得だ。「丹波黒」は、甘味の質がショ糖よりよいとされる麦芽糖が他の品種より多いことが明らかにされている。またDNAのタイプからも、日本で独自に進化した品種であることがわかっている。

魚沼《うおぬま》産「コシヒカリ」のように、「丹波黒大豆」は最高級の黒豆や甘納豆として名高い。うまさと大きさに加え、煮ても皮が裂けない特徴から、その評判は江戸時代から全国に知れ渡り、幕府への献上品としても用いられた。「苦労豆」という別名を知れば、どれだけ作りにくい品種なのかは想像できよう。

「丹波黒」の枝豆が広く知られるようになったのは、昭和も終わりごろである。一九八七年

（昭和六十二年）に、マンガ『美味《おい》しんぼ』で「最上の枝豆」として採り上げられて、枝豆としての価値も一般に知られるようになった。

「丹波黒」を最高級の枝豆「丹波の黒さや」として売り出したのは、丹波篠山《たんばささやま》市の小田垣《おだがき》商店である。創業一七三四年（享保十九年）の小田垣商店は、もともと料亭に「丹波黒」の黒豆を卸していた。そもそも丹波地方でも「丹波黒」を枝豆で売るのはまれであった。献上品を早採りして販売するなど、誰に考えられようか。

「丹波黒」の枝豆は、料亭からの提案を受けて始まったのである。小田垣商店は、一九八四年（昭和五十九年）に枝豆の通信販売を開始、一九八六年（昭和六十一年）には「丹波の黒さや」を商標登録した。

多くの在来種と同じように、昭和四十年代はじめには「丹波黒」も、兵庫県と京都府を合わせても数十ヘクタールしか栽培されず、絶滅寸前まで追い込まれていた。それが二〇一五年（平成二十七年）の生産面積は、一四三三ヘクタールと県内の五二・七％を占めている。この復活の要因こそが枝豆生産なのである。

じつは「丹波黒」は品種名ではない。「ただちゃ豆」と同じように、品種群の名称である。「丹波黒」の場合は、「川北《かわきた》」、「波部黒《はべぐろ》」、「兵系黒《ひょうけい》3号」が、兵庫県丹波黒振興協議会によって優良三系統に選ばれている。

「川北」は、水不足でイネを作ることもままならない川北村で、古くから栽培されてきた品種であり、「波部黒」は江戸末期から明治初期にかけて、篠山藩日置《ひおき》村（現丹波篠山市日置地区）の豪農波部《はべ》六兵衛、本次郎親子によって改良された。

「兵系黒3号」は比較的新しく、一九八七年に兵庫県立農林水産技術センターで育成された。「兵系黒3号」は「波部黒」を選抜育種で改良したもので、「丹波黒」の栽培地を広げる役割を果たした。

兵庫県以外で生産される丹波の黒大豆

丹波地方の名は、丹波国からきている。丹波国は国と名づけられていながら、ひとりの領主に治められたことはない。廃藩置県の際にも兵庫県と京都府に二分されてしまったのである。

京都府には京都丹波と呼ばれる地域があり、兵庫県とは異なる品種が生産されている。京都府農業総合研究所（現農林センター）が、一九八一年（昭和五十六年）に京都府在来の「丹波黒」から選抜育種で育成した「新丹波黒」がそれだ。京都府における「新丹波黒」の作付面積比率は府内の大豆の七〇・二％にも達する。

ところがエダマメについては様子が異なる。「紫ずきん」と「紫ずきん2号」という、「新丹波黒」を改良した枝豆専用品種が主力になっているからだ。

「紫ずきん」は「新丹波黒」にガンマ線を照射して得られた突然変異系統で、節間《せっかん》が短くなり倒伏《とうふく》しにくいうえに早生になっている。一九七五年（昭和五十年）に京都府立大学がガンマ線照射を行い、一九九五年（平成七年）に品種登録された。「紫ずきん2号」は「紫ずきん」に「玉大黒《たまだいこく》」を交配して育成された。「紫ずきん」よりもさらに三週間早く、九月上旬から収穫できる。どちらも京都府が認証するブランド京野菜のひとつになっている。

丹波の黒大豆は、兵庫県と京都府だけで栽培されているわけではない。両産地だけでは国内需要を満たすことができないために、岡山県や香川県でも栽培されているのである。特に岡山県は生産量第二位と、いまや兵庫県と並ぶ重要産地となっている。二〇一六年（平成二十八年）産の生産量は、兵庫県産分の九一・六％、京都府産分の五・六倍にまで達するほどだ（農林水産省穀物課推定値）。

岡山県では一九七〇年（昭和四十五年）ごろから本格的な栽培が始まった。「作州黒《さくしゅうぐろ》」は岡山県北東部の美作《みまさか》市とその周辺を含めた勝英《しょうえい》地域のブランド名である。作州とは美作国（現岡山県北東部）の別称で、兵庫県と同じ「丹波黒」が生産されている。「作州黒」は一〇月出荷の枝豆がメインで、おもに東京市場に出荷される。

大豆もやし

「毛也之《もやし》」と記されたもやしが初めて登場する書物は、平安時代の『本草和名《ほんぞうわみょう》』第十九巻である。『本草和名』は現存する最古の薬物事典であり、醍醐天皇に仕えた医者の深根輔仁《ふかねのすけひと》によって九一八年（延喜十八年）ごろに編纂された。

日本ではもやしとカイワレに代表されるスプラウトを別物扱いしているが、英語ではどちらも「萌《も》やし」を意味する同じ sprout になっている。

もやしの生産量は一九七〇年（昭和四十五年）以降増え続けている。繰り返しやってくるラーメンブームの追い風もあり、一九七四年（昭和四十九年）の二二・九万トンから二〇一二年（平成二十四年）の四六・六万トンまで、三八年間で倍増した（農林水産省食料需給表）。この間の人口増加率は一二〇％にとどまるから、もやし消費の拡大は一目瞭然である。

都道府県のうちもっとも多くもやしを生産しているのは、栃木県である。六社による近代的な大規模工場が七つも稼働しているのが大きい。その要因は、東日本各県へのアクセスと良質かつ豊富な地下水に恵まれた立地条件にある。特に公共水道と比べて安価な地下水をほぼ無制限に使えることが、もやし会社を引き付ける魅力となっている。

現在もやしに使われる豆の種類は、リョクトウ、ケツルアズキ（ブラックマッペ）、ダイズの順である。ダイズはダイズ属だが、リョクトウとケツルアズキはササゲ属に分類される。ササゲ属の代表はアズキである。

さて、もやし栽培がいつどのように日本に伝わったのかだが、これもまた謎に包まれている。ただ、最初に天下をとったのはダイズであったことだけは間違いない。再び『和漢三才図会』を見てみよう。「大豆《まめ》」の項には、「豆の糵《もやし》」について以下の説明がある。もやしの絵はないものの、『本草綱目《ほんぞうこうもく》』に「黒大豆を糵《もやし》にし、芽が五寸の長さになると乾《ほ》し、よく熬《い》って服食する、とある」という一文があり、大豆もやしについて記されている。大豆もやしの用途はいまとはまったく異なり、乾燥させて薬草になっていたのである。

青森県南津軽郡大鰐《おおわに》町には、津軽伝統野菜に認定されている「大鰐温泉もやし」がある。「大鰐温泉もやし」の特徴は、まっすぐ伸びた三〇センチメートルに届かんばかりの長さだ。一般的なもやしとは似ても似つかない姿なのは、栽培方法がまったく異なるためである。「大鰐温泉もやし」は水耕栽培ではなく、温室内の地面に深さ四〇〜五〇センチメートル、長さ五メートルの穴を掘り、藁とむしろで厚く蓋をして作られる。

このどこか軟白栽培のウドにも通じる独特の栽培方法は、偶然の産物だといわれている。一面雪に覆われる津軽の冬でも、温泉熱と温泉水を使って新鮮な野菜を栽培できることを最初に見出したのは、いつ誰によってであったのだろうか。

津軽藩主の津軽信義《のぶよし》（一六一九—五五）が栽培を推奨したと記録されているから、「大鰐温泉もやし」は江戸時代初期からいまに受け継がれていることになる。なお用いられる品種は、「小八豆《こはちまめ》」と呼ばれる在来種の小粒の大豆である。

ブラジルを大豆輸出量世界一にしたのは日本

一九七三年（昭和四十八年）、ニクソン大統領によるアメリカのダイズ輸出規制にオイルショックの影響も受けて、豆腐の価格は二倍近くに高騰する。アメリカ側の理由は、不作によって国内供給を優先するためであった。

輸入自由化、関税撤廃、国内産地壊滅。完全にアメリカの意のままに操られて陥った状況を変えようと、日本政府が輸入先の多角化に動いたのは、田中角栄《たなかかくえい》政権時である。目をつけたのはブラジルで、一九七九年（昭和五十四年）には「日伯セラード農業開発協力事業」を始め、二〇〇一年（平成十三年）までの二二年間をかけて日本から七〇〇〇戸以上の農家が入植した。不毛の大地セラードを旧国際協力事業団（JICA）が中核となって開発した農地は、三四・五万ヘクタールに及ぶ。これは東京都や神奈川県の面積よりも広く、鳥取県に近い。

いまやブラジルはアメリカと肩を並べる大豆生産国となった。すでに輸出量については、アメリカを抜き世界一である。

ブラジルが育種した品種をひとつだけ紹介しておきたい。「ドコー（Doko）」である。「ドコー」の名には、陰に日向《ひなた》に「日伯セラード農業開発協力事業」を支えた経団連会長土光敏夫《どこうとしお》に対する感謝の気持ちが込められている。

第5章　カブ——持統天皇肝いりで植えられた作物

カブとダイコンは似たもの同士である。なのに普段の暮らしの中では、ついついカブをダイコンよりも下に見てしまう。それもそのはず、両者の生産量の差は大きく、カブの生産量はダイコンの約九％にすぎない。だがカブは、ダイコン以上に日本で特異的に品種分化が進んだ作物なのだ。

『日本書紀』には、持統天皇が六九三年（持統天皇七年）に五穀（稲、麦、粟、稗、豆）を補う作物としてナシ等とともにカブを栽培せよとおふれを出したことが記されている。根も葉も食べられるカブは、貴族にとって高級食材のひとつであった。おもな用途は漬物だったようである。

飢饉にたびたび襲われた江戸時代、凶作の兆しがあればすぐにカブの種子を播くのは常識となっていた。

ヨーロッパ原産のカブが、根菜として分化したのはアフガニスタンあたりとされている。日本にはは七世紀以前に伝わった。青葉高は『野菜――在来品種の系譜』の中で、カブが日本に入ったのはダイコンより古い、と述べている。また、カブのほうが寒さに強いうえ、保存性に優れるため、東北地方の焼畑で栽培されるカブを、南方の焼畑で栽培されるイモに相当する重要な根菜だとした。

中国、朝鮮半島、シベリア経由で日本に入ってきたカブだが、なぜか中国では根菜としての改良は進まず、作物としての地位も高まらなかった。一方で、葉を食べる作物としては目覚ましい進化を遂げた。この作物こそハクサイである。事実ハクサイの学名は、*Brassica rapa* subsp. *pekinensis* となっており、カブ（*Brassica rapa* subsp. *rapa*）と種レベルで同じ生物として分類されている。これは日本の野生動物にたとえると、北海道のキタキツネと本州のホンドギツネの関係に近い。

カブとダイコンの見分け方

球状であればカブ、棒状であればダイコン、というようには単純に分けられないほど、両者の見た目はよく似ている。カブには日野菜《ひのな》のように細長く三〇センチメートル程度にまで伸びる品種があるし、逆にダイコンにも丸い品種がある。聖護院《しょうごいん》かぶと聖護院大根にいたっては、どちらも白い丸形で大きさまで近い。ハツカダイコンはいまでこそラディッシュと呼ばれるのが一般的になったが、わたしが子供のころにはまだ単に赤カブと呼ばれていた。

ところが実際にはカブは***Brassica***属、ダイコンは***Raphanus***属と、遺伝的にもかなり異なる植物なのである。こう聞くと、両者の見分け方が気になってくるのが、自然な反応だろう。

一番確実な方法は花を咲かせてみることだ。黄色の花ならカブ、白から薄紫色の花ならダイコンで決まりである。だが、葉を切り取った状態でという制約をつけられると、それなりの観察眼が必要になる。

カブの可食部は、植物学で胚軸《はいじく》と呼ばれる茎の部分が肥大しているのに対し、ダイコンのほうは、この胚軸が肥大した部分と根が肥大した部分とが合わさってできているのである。まずはダイコンの茎の部分と根の部分の違いを、具体的に説明しておこう。

ダイコン一本を手に取り表面をぐるりとよく観察してみてほしい。小さなくぼみが縦に一列に並んでいるのに気がつくはずだ。そのまま転がすように回転させると、ちょうど反対側に同じパターンのくぼみをもう一列見つけられる。さらにこのくぼみの列をくわしく観察すると、先頭は葉の付け根から始まっているのではなく、途中から突然始まっていることがわかる。この地点こそが茎と根の境界で、これより上部のくぼみのない部分が茎、くぼみのある下部が根なのである。くぼみの正体は、可食部となる太い主根から細かいひげ根が出ていた痕だというわけだ。

次にカブを観察してみよう。ダイコンで見つけたくぼみはどこにも存在しないことが、すぐにわかるはずだ。カブは胚軸の部分だけが肥大して根は太くならない。調理の際に真っ先に取り除いてしまう細いしっぽのような部分が、根なのである。つまりカブの場合、わたしたちは根は捨て、茎のみを食べているということになる。

千枚漬になるのはどっち

さて、千枚漬と聞いて思い浮かべるのは、カブとダイコンのどちらだろうか。

いまではどちらも正解で、カブは聖護院かぶ、ダイコンは聖護院大根が使われている。しかし、かつては千枚漬といえば聖護院かぶで、聖護院大根は煮物用と決まっていた。つまり聖護院大根を使った千枚漬は、聖護院かぶの供給不足時の代用品としてやむを得ず用いられるようになったのである。

そもそも千枚漬が考案されたのは江戸時代末期の天保年間（一八三〇—四四）のこと。宮中で料理方を務めていた大黒屋藤三郎が、京都御所の庭に見立てた漬物を考案したのがはじまりである。聖護院かぶで白砂を、壬生菜《みぶな》で松を、昆布で庭石を表現したというから、当時の料理における漬物の地位の高さがうかがえる。

なかでも藤三郎が漬けた聖護院かぶは白さが際立ち、その色合いと上品な味付けから絶賛を浴びたと伝えられている。なぜならそれ以前の漬物は、醬油漬やぬか漬しかなく、真っ白な漬物など存在しなかったからである。

藤三郎は一八六五年（慶応元年）に御所を下がり、大藤《だいとう》と屋号を定めてこの漬物を売り出した。これが「千枚漬」と呼ばれて評判となり、他の漬物屋もこぞって作り始め、京を代表する漬物となったのである。錦市場《にしきいちば》近くに店を構える大藤は、千枚漬本家を唯一名乗り、五代目がその味を守りいまに伝えている。

聖護院かぶ

聖護院かぶは日本最大のカブで、重さは四キログラムにもなる。その由来は古く、享保年間（一七一六―三六）にまで遡る。近江国堅田《おうみのくにかたた》（現滋賀県大津市堅田）の近江かぶの種子を篤農家《とくのうか》の伊勢屋利八が手に入れ、京の聖護院で栽培しているうちに、扁平《へんぺい》型の近江かぶが円形に変化しながら肥大して、いまの姿になったとされる。おそらく近江かぶと京の在来種とが自然交雑したためであろう。聖護院かぶのもとになった近江かぶは、

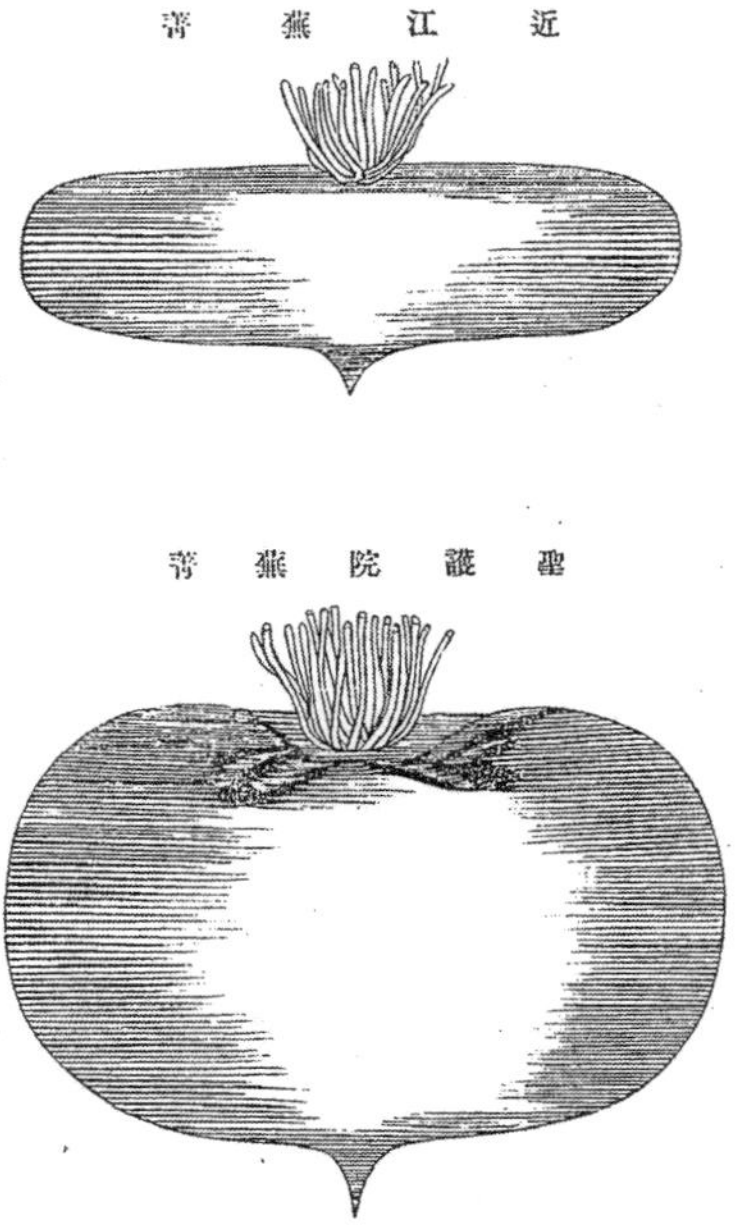

図表16　『京都府園芸要鑑』による近江かぶと聖護院かぶの比較図
（国立国会図書館蔵）

滋賀県大津市の在来種としていまも残されている。なお篤農家とは、抜きん出た栽培技術を有する地域のリーダー的生産者のことをいう。

図表17　『成形図説』に描かれた大蕪
（国立国会図書館蔵）

一八〇四年（文化元年）出版の『成形《せいけい》図説《ずせつ》』に大蕪として描かれていたカブは、おそらく聖護院かぶの元祖であろうというのが定説になっている。

伊勢屋利八による改良の成果以上に聖護院かぶを有名にしたのは、大黒屋藤三郎の千枚漬のおかげであった。

ただ残念なことに、いまや聖護院かぶは育成された土地である京都市左京区聖護院では栽培されていない。この地区の市街化が進んでしまったために、現在の生産地は亀岡《かめおか》市や滋賀県に変わってしまっている。

F1品種の登場

タキイ種苗は一九五八年（昭和三十三年）に、「早生大蕪」という聖護院かぶの改良品種を発売した。京都駅前に本社を構え、東海道新幹線からも社屋が見えるタキイ種苗は、一八三五年（天保六年）創業。聖護院かぶが成立してまもなくのころだ。京野菜の種苗商として興された同社発祥の地は、東寺《とうじ》の門前であった。

　ともあれ「早生大蕪」は、それまでの聖護院かぶよりも格段に揃いがよいうえに生育が早く、さらに病気にも強いという性質を持ち合わせていた。当然のように千枚漬用に重宝され、大人気品種になったのである。

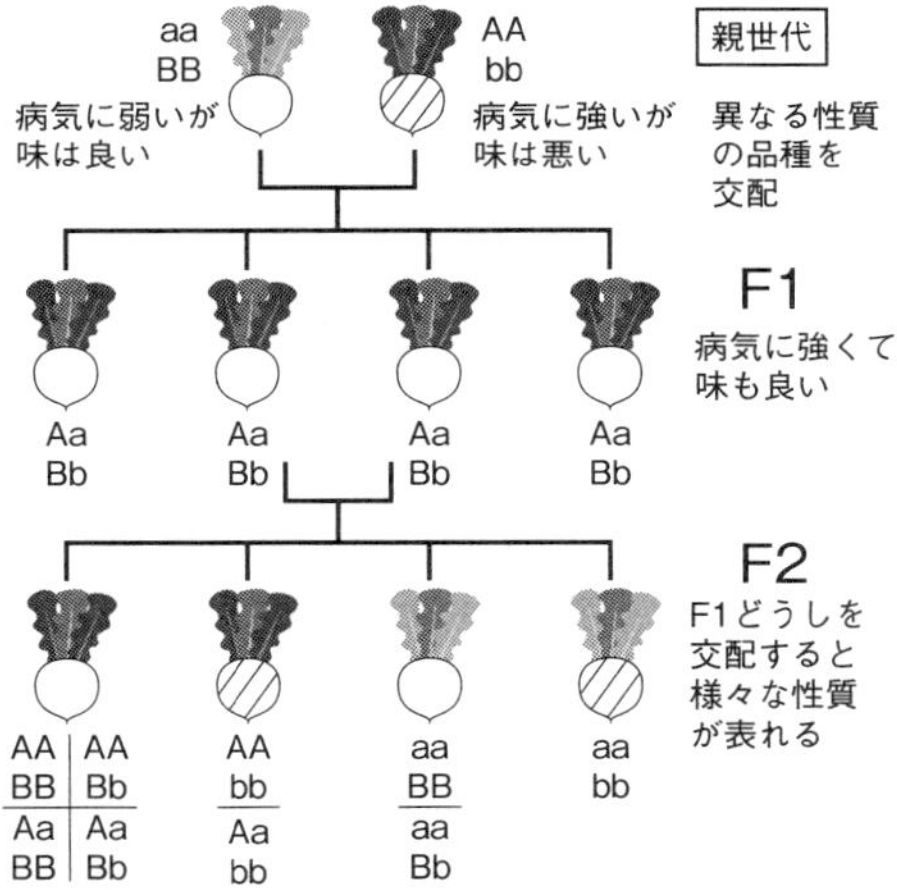

図表18　Ｆ１品種の特性を示した模式図（アルファベットは遺伝子型を表す）

　「早生大蕪」が在来種の聖護院かぶに対して、比べ物にならないほどの優位性を見せつけたのには理由があった。それは「早生大蕪」が、根菜類で世界初のＦ１品種だったからである。

　ここでＦ１品種について説明しておこう。

　Ｆ１とは、First filial hybrid の略称で、直訳すれば「一代雑種」となる。すなわちＦ１品種とは、一代限りの雑種という意味になる。事実、二〇世紀に入って栽培植物の生産性が飛躍的に高まったのは、一代雑種の利用が様々な品目で進んだからなのである。

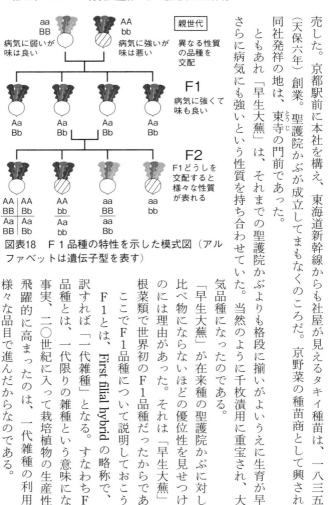

Ｆ１品種との引き合いに出されるのが、在来種を代表とする固定品種だ。固定品種とは、親株から採った種子を育てた場合に、それがみな親とほぼ同じ特性を示す品種のことをいう。多少のばらつきはあるものの、採ったタネを育てれば親と同じ特性を示し、これが代々変わらずに受け継がれていく品種ともいえる。すなわち在来種は、ある特定地域の栽培環境に適した性質を有した地域固有の固定品種なのである。

これに対してＦ１品種とは、ある特定の長所を持つ母親の固定品種に、別の長所を持つ父親の固定系統が交配されて生まれた、両親の長所を併せ持つ子なのである。したがってＦ１品種から種子を採って育てても固定品種のようにはならず、その品種とは異なる様々な個体が出現する。千差万別は大げさにしても、多種多様な性質を示す個体がごちゃまぜに育つ集団となってしまうのだ。

そもそももっとも重要な違いは、Ｆ１品種は採種に用いる両親よりも数段優れた特性を示す、雑種強勢という現象にある。「優れた」とは、母親と父親のよいところを兼ね備えたうえに、さらに高いレベルで発現するという意味である。つまり、あまり似ていないトンビの両親から生まれた子供のすべてが、タカになるようなものだ。このタカの群れがＦ１品種なのである。母親と父親がそれぞれ持つ望ましい形質を併せ持ち、親よりも強く発揮する。これこそがＦ１品種ならではの提供価値。わが子に置き換えてみれば、雑種強勢がどれだけ奇跡的な現象であるかを実感できるはずだ。

Ｆ１品種の母親と父親自体は遺伝的に安定した固定系統である。それゆえＦ１品種の種子を生産できるのは育成者だけという、秘薬の調合に近い高度な技術の蓄積が必要となる。その高度な技術のひとつが、親となり得る固定系統のコレクションをどれだけ幅広く保有しているか、となる。在来種は固定しているために、そのままＦ１品種の父親や母親になったり、品種改良の重要な材料となっている例は多い。

古い在来種が消滅していくのはＦ１品種のせい、Ｆ１品種を商品化する育種会社のせいだという人がいる。こう指摘したくなる気持ちもわかるが、筋違いな話である。そもそも在来種の価値と重要性を一番理解しているのは、育種会社のブリーダーたちだからだ。

植物におけるＦ１品種の実用化

植物で初めてＦ１品種が実用化されたのは一九二一年、アメリカにおいてであった。品目はトウモロコシである。トウモロコシが第一号となったのは、人類にとってもっとも重要な作物のひとつだからでもあるが、雌花と雄花が別々に咲く雌雄異花植物であるためにＦ１品種の種子を生産しやすいという理由もあった。

Ｆ１品種の種子生産の際にもっとも注意すべき点は、決められた父親の花粉のみを母親に交配すること。父親以外の花粉が紛れ込むような事態は、間違っても許されない。一個の花におしべとめしべがある両性花を咲かせる作物だと、自分の花粉で種子を作ってしまうリスクが生

品種名	種類	育成年	育成者
「浦和交配１号」 「浦和交配２号」	ナス	1924年（大正13年）	埼玉農事試験場
「新大和」	スイカ	1928年（昭和３年）	奈良県農事試験場
「２号毛馬」	キュウリ	1932年（昭和７年）	大阪府農事試験場
「ステキ甘藍」	キャベツ	1938年（昭和13年）	静岡県農事試験場
「福寿一号」	トマト	1938年（昭和13年）	大阪府農事試験場
「土佐鉄かぶと（新土佐）」	カボチャ	1947年（昭和22年）	小倉健夫、小倉積
「一号白菜」	ハクサイ	1950年（昭和25年）	タキイ種苗

図表19　日本で育成された最初期のＦ１品種

じる。これを回避するには、より高度な育種技術と採種技術が必要になる。

　トウモロコシの場合には、雄花は株の頂点にできるススキの穂のような集合体であり、これを取り除けば、葉の付け根にある雌花の集合体だけの株を簡単に用意できる。同時に交配したい父親花粉だけを集めることも容易なのだ。

　日本における最初の商業化の事例は、アメリカに後れること三年、一九二四年（大正十三年）である。品目はナスであった。育成したのは、埼玉県農事試験場（現農業技術研究センター）に勤める柿崎洋一《かきざきよういち》である。なお、一九五八年（昭和三十三年）のカブ「早生大蕪」までに発表されたＦ１品種は、図表19の通りである。

世界初のＦ１品種を育成した外山亀太郎

　トウモロコシのＦ１品種育成については知っている植物ブリーダーでも、植物以外に関心がないせいではなかろうが、世界初のＦ１品種が日本で実用化されたことをすっかり忘れてしまっている場合がある。

この記念すべき品種を育成した人物は、東京帝国大学農科大学（現東京大学農学部）助教授の外山亀太郎《とやまかめたろう》であり、品目はカイコであった。時は第一次世界大戦が始まった一九一四年（大正三年）。じつにアメリカのトウモロコシよりも七年早い。

どれだけの業績であるかは、史実と結びつけてみれば誰もが納得する。

明治政府が富国強兵を進めるためにとった外貨獲得手段は、絹糸の輸出であった。江戸時代には中国から大量に輸入していた絹糸を、輸出品目に変えようとする殖産興業策である。一八七二年（明治五年）に開業した富岡製糸場も、この一大国家プロジェクトの一環であった。

外山亀太郎が開発したＦ１品種は、卵からかえる率が高く、幼虫は丈夫で生育は揃って旺盛、さらに繭が大きくなったため、単位面積当たりの収繭量《しゅうけんりょう》は約二倍の重さにまで増加した。日本のカイコは昭和初期にはＦ１品種が一〇〇％に達し、ついに日本は世界一の絹糸輸出国になったのである。

雑種強勢という現象自体はチャールズ・ダーウィンが発見しており、一八五九年に出版された『種の起源』にも実例が紹介されている。だが、どうしてこのような現象が起きるのかは謎のままであった。雑種強勢の原理が真っ先に解明された生物こそ、トウモロコシだったのである。

外山は一九〇六年（明治三十九年）に、カイコでも雑種強勢が発現することを発見する。これは動物においてもメンデルの法則が当てはまることを証明した、初の研究成果となった。すなわち、外山はカイコの遺伝原理についてはトウモロコシよりも遅れて発見したにもかかわらず、実用化では先行したのである。外山は国内各地の在来種と中国、フランス、イタリアから導入した輸入種とを用いて多数の雑種を作り、日本種「日一号」と中国種「支四号」の組み合わせが優れた雑種強勢を示すことを発見した。

世紀の学術的発見から、わずか八年後に実用化にいたったばかりでなく日本の経済発展に大きく貢献した業績は、産学官連携の成功事例としても名高い。この速さと機動性の高さの前では、研究開発に身を置く者の誰もがわが身を恥じるしかない。

外山亀太郎は五十一歳の若さで亡くなった。もし長生きしていれば、ノーベル賞を受賞できていただろうといわれている。

外山は、一九一二年（明治四十五年）に東京府豊多摩《とよたま》郡杉並《すぎなみ》村大字高円寺《こうえんじ》に開所された、原蚕種製造所で実用化に取り組んでいた。杉並区立蚕糸《さんし》の森公園および杉並第十小学校はその跡地である。蚕糸の森公園のレンガ造りの正門は当時のままの姿をとどめている。

F1品種の実用化は日本が世界をリードしてきた。日本人として覚えておきたい史実である。

飯山市の菜の花まつり

日本の春を彩る草花といえば、菜の花をおいてほかにない。

長野県飯山《いいやま》市では一九八四年（昭和五十九年）以来、毎年五月三日から五日にかけて「菜の花まつり」が開催される。会場は千曲《ちくま》川《がわ》東岸の飯山菜の花公園だ。目の前にのぞむ千曲川とそれをなぞるように走るＪＲ飯山線、飯縄《いいづな》、戸隠《とがくし》、黒姫《くろひめ》、妙高《みょうこう》、斑尾《まだらお》の北信《ほくしん》五岳《ごがく》をバックに咲き誇る黄金色は、この三日間だけでも毎年二万五〇〇〇人もの観光客を集める。「菜の花畠に入り日薄れ」の歌詞で知られる、この地で生まれ育った高野《たかの》辰之《たつゆき》が作詞した「朧月夜《おぼろづきよ》」のブランド力は絶大である。

しかしここの菜の花はセイヨウアブラナ（洋種ナタネ）ではない。かといって古くから伝わるアブラナ（在来ナタネ）でもない。何かといえば、野沢菜《のざわな》の花なのだ。

通常野沢菜は八月末から九月上旬にかけてタネを播き、一一月に葉を収穫する。収穫後の株を春までそのままにしておけば、五月に一斉に花を咲かせ、菜の花畑になるのである。

つまり、正確を期せば「野沢菜の花まつり」のはずなのである。野沢菜なのに「菜の花まつり」と言い切ってしまうことに、すっきりしない人もいるかもしれない。わたしもかつてそう感じたひとりだ。

だが、冷静になれば菜の花という名の植物は存在しないこと、菜の花はアブラナだけの別名ではないという、大学時代に詰め込んだ知識がよみがえってくる。

そもそも菜の花とは、アブラナ科アブラナ属（*Brassica* 属）植物の花の呼び名であり、特定の植物を意味しない。ナバナ（菜花）も同様である。したがって、アブラナだけではなく、カブ、ハクサイ、キャベツ、カラシナなどの花もみな、菜の花で正しいのである。野沢菜もアブラナ属なのでここに含まれる。加えて、野沢菜の花が地元で野沢菜の花と呼ばれることなどありえない。昔からずっと、ただ菜の花と呼ばれてきたのだから。

あらためて紹介するまでもなく、野沢菜は長野県を代表する漬物であり品種である。長さ一メートル近くにまでなる巨大な葉が野沢菜最大の特徴だ。

たしかに野沢菜はアブラナの近縁種である。だがアブラナよりももっと野沢菜に近縁の植物が存在する。カブである。それも近いどころか、野沢菜は植物分類学上カブとまったく同じ種で、根もしっかり肥大する。

野沢菜漬

いまでは誰もが知る野沢菜だが、それほど古くから使われてきた名称ではない。野沢菜と名づけられたのは大正末期以降である。この背景には、あるスポーツが深く関係していた。

きっかけは、一九二三年（大正十二年）の野沢温泉スキー倶楽部《クラブ》創立であった。冬場は熱心な湯治客が訪れる程度になってしまう寒村に、スキーで誘客しようとしたのである。いわば村おこしの先駆けであった。東京の大学生に目をつけていた野沢温泉スキー倶楽部は、大学スキー部の合宿地として売り込んだ。これが当たり、スキー部のみならず東京の若者全体の目を野沢温泉に向けることに成功したのである。

野沢菜漬は、地元でお葉漬と呼ばれていた漬物が、スキー客によって自然にこう呼ばれるようになったものなのだ。また野沢菜自体にしても、それまではただお菜と呼ばれていたにすぎなかった。

さて野沢菜の歴史は、江戸時代宝暦《ほうれき》年間（一七五一―六四）にまで遡る。野沢温泉村の健命《けんめい》寺《じ》住職晃天園端《こうてんえんずい》和尚が、京都から天王寺《てんのうじ》蕪《かぶら》の種子を持ち帰ったのがはじまりだと語り継がれているのだ。その天王寺蕪が野沢温泉でタネ採りされ続けているうちに、土地の環境に合わせて次第に姿を変え、葉が長くカブが小さい野沢菜になったというのである。健命寺では、いまでも「寺種」として代々採り続けてきたタネが販売されている。もちろんその種袋にも大きく「蕪種」と記されている。

図表20　健命寺の寺種袋（写真・健命寺）

要するに、野沢菜は天王寺蕪の子孫だという言い伝えなのである。白いカブが存在を主張する天王寺蕪が、カブはあまり目立たない野沢菜に変わったという言い伝えには、にわかには信じ難いものがある。しかも野沢菜にできる小さなカブは、白ではなく赤なのだ。

図表21　天王寺干蕪の作業風景（『日本山海名物図会』）
（国立国会図書館蔵）

かつては、京都との環境の違いがこれほどの変化を引き起こしたとも考えられたが、いまではこの遺伝関係は科学的に否定されている。史実としては事実なのだろうが、真実はいつのころか健命寺でタネの取り違えが起きたのであろう。

かぶら菜や一霜《しも》づゝに味のつく

一八二五年（文政八年）の小林一茶の句である。すでに一茶は江戸から故郷の柏原《かしわばら》宿（現上水内《かみみのち》郡信濃町《しなのまち》柏原）に戻っていた。このかぶら菜が何であるかは、もうおわかりだろう。

天王寺蕪

長く野沢菜の祖先だと信じられてきた天王寺蕪についても触れておこう。

天王寺蕪はその名の通り、大阪市天王寺付近で生まれたとされる在来種である。大きくなっても軟らかさを保つ肉質は、昔から好まれていた。

一七五四年（宝暦四年）に刊行された平瀬徹斎《ひらせてっさい》編著、長谷川光信《はせがわみつのぶ》画の『日本山海名物図会』は、日本各地の産物の生産や製鉄などの鉱業、漁業、特産物生産の技術について挿図とともに解説した図鑑である。この『日本山海名物図会』巻之三に、天王寺干蕪《ほしかぶら》の作業風景が載っている。

図表21の絵に描かれている通り、天王寺蕪は江戸時代から明治末期にかけて、保存性を高めた干しカブとして盛んに栽培され、まさに難波《なにわ》を代表する野菜であった。

天王寺蕪は、一九〇二―〇三年（明治三十五―三十六年）ごろに起きたハイマダラノメイガによる大被害で、生産量が急減した。ダイコンシンクイムシと呼ばれるハイマダラノメイガの幼虫は、葉からすぐに芯に潜り込んで食べ荒らし、出荷できなくしてしまう害虫だ。

だが天王寺蕪は他の地域に産地が移ることもなく、天王寺の都市化とともに栽培されなくなり、気がついたときには絶滅間際に追い詰められていた。

復活への取り組みがなされたのは、一九九六年（平成八年）から。二〇〇五年（平成十七年）に「なにわの伝統野菜」に認証され、金時にんじん、守口《もりぐち》だいこんなどとともに大阪市の伝統野菜として普及活動が行われている。

赤カブと『よみがえりのレシピ』

滋賀県にはいまも十数種類の在来種が現存する。さすがは近江かぶが生まれた国だ。有名どころでは、紅白に染め分け細長い形が特徴の日野菜を筆頭に、赤い丸形の赤丸かぶや万木《ゆるぎ》かぶもある。

都市のスーパーで見かけるカブは白い小カブ一色なのに、地方の山間地で栽培されるカブは赤や赤紫のほうがずっと多い。その代表として知られるのが、四〇〇年近い歴史を誇る山形県の温海《あつみ》かぶである。皮が赤い温海かぶは、鶴岡市の山間部、新潟県との県境に位置する一霞《ひとかすみ》地区（旧温海町一霞）の在来種で、ほとんどが漬物になる。温海かぶの甘酢漬けは、醸造酢と糖類と食塩で漬けられた果肉までピンクの漬物である。ところが温海かぶの果肉はもともとまっ白であり、果肉のピンクはかぶを漬け込んでいる最中に、皮から出た赤紫色の色素が染みわたって着いた色である。

一霞の人たちは、温海かぶ以外のアブラナ属植物を植えないことで、品種を守ってきた。それ以上に驚かされるのは、斜度三〇度を超える急斜面での焼畑農法がかたくななまでに守られ続けている点だ。三〇度を超える斜度とは、スキー場でいえば上級者コース、平地と比べてすべての作業に手間がかかる。温海かぶ独特の辛味とうま味は、水はけのよい急斜面の焼畑がもたらすうまさであり、平地で栽培するとこの味は出ないという。

二〇一二年（平成二十四年）に公開された映画『よみがえりのレシピ』は、山形県内各地に伝わる在来種を次世代につなごうとする人々のドキュメンタリーである。温海かぶではないものの、同じように焼畑栽培される藤沢《ふじさわ》かぶや宝谷《ほうや》かぶの守り人の思いに触れることができる。また、前章で触れたダイズの白山だだちゃも紹介されている。

『よみがえりのレシピ』には、いまでこそ多くの人が知る存在となった、イタリアンレストラン「アル・ケッチァーノ」の奥田政行《おくだまさゆき》オーナーシェフと山形大学農学部の江頭宏昌《えがしらひろあき》教授も登場している。二人は二〇〇三年（平成十五年）に山形県在来作物研究会を発足させて以来、庄内出身の奥田シェフがまったく新しい調理法で在来種の新たな魅力を引き出し、江頭教授が在来種の文化財としての研究と保存を推し進めている。その目的は、地域文化の再発掘や在来種を活かした食品関連産業の活性化であることはいうまでもない。絶滅寸前の在来種が、この二人との出会いをきっかけに地域の宝として再認識されていく姿に、つい感情移入してしまう人は案外多そうな気がする。

作物はうまさを追求すれば、必然的に環境、品種、栽培技術の最適バランスを探求することになる。たとえブリーダーが自信を持って世に送り出した新品種であっても、定番品種になれるのはひと握りにすぎない。

料理と育種は通じる部分が多い。大量に売れる品種、すなわち大量に生産される品種の育成を競い合うブリーダーだからこそ、いまもなお作り続けられる在来種の価値について自分なりの論と説を持ちたいものだ。

酸茎菜

平安時代から漬物が存在していたことは本章冒頭で述べた。京都が漬物の名産地になったのは、長く都が京に置かれたことに加えて京野菜のおかげであろう。

京都の三大漬物といえば、千枚漬け、しば漬け、すぐきだが、すぐきに使われるカブが酸茎菜《すぐきな》である。酸茎菜はダイコンを短くしたような、長さ二〇センチメートル程度の白い紡錘形《ぼうすいけい》が特徴だ。

栽培が始まったのは桃山時代だとされ、上賀茂《かみがも》神社の関係者だったとされる。当初は賀茂菜《かもな》と呼ばれていたのだが、酸茎の名が示すように、酸味のきいた珍しいカブの漬物だとして珍重された。貴族が用いる贈答用の高級漬物として定着したすぐきは、一八〇四年（文化元年）には、種子と製造方法の持ち出しが禁止されたほど。これにより酸茎菜は上賀茂地域から外に流出することなく、特産品として守り続けられた。

全国区の漬物となったのは昭和になってからで、営利作物としての地位が確立したのもこの頃である。酸茎菜は現代品種にとって代わられることもなく、現在でも在来種による生産を維持し続けてきているのは興味深い。環境と栽培技術に加えて、独自の漬物加工技術が、他産地による類似商品の市場投入を防いだのである。

上賀茂一帯でもまた、他種との交雑を防ぐため菜の花栽培が禁じられている。

すぐきの味は他の漬物とはかなり異なる。塩味がおだやかで独特の柔らかな酸味があとをひく。これぞ大きな漬け樽《だる》の中に住み着いている乳酸菌が、発酵して作り出す味だ。

ラブレ菌という植物性乳酸菌が話題になることがある。生きて腸まで届き、優れた機能性を持つとされるラブレ菌は、一九九三年（平成五年）にすぐきから発見された。分離したのは京都パストゥール研究所（現ルイ・パストゥール医学研究センター）の岸田綱太郎《きしだつなたろう》である。岸田は京都の男性の寿命が長いことから、京都ならではの食材にその原因を求め、ラブレ菌の発見にいたったのである。

ラブレ菌の商品化に熱心な食品メーカーはカゴメで、乳酸菌ドリンクやタブレットを販売している。

塩とは無縁の漬物すんき

すんきは長野県木曽《きそ》地方に古くから伝わる漬物であり、長野県の「味の文化財」に認定されている。漬物なのに塩を一切使わないすんきは、日本でも希少な加工食品だ。海から遠く離れ、塩がとても貴重な土地柄であったことが、塩を一切用いない漬物を生んだといわれている。塩分ゼロでも乳酸発酵させたおかげである程度の貯蔵性がある。世界的にも無塩の発酵食品は極めて珍しい。語感から、すぐきの加工法が何らかの形で伝わったのではないかとも想像されるが、すんきは、赤カブの茎や葉を複数の植物乳酸菌で発酵させて作る。この部分はすぐきと異なる。すんきも腸内環境を整える効果が明らかにされたが、他の漬物と異なり塩分摂取量を気にしなくてよい点で、健康食品としての注目度も高まっている。

用いられる品種は木曽地方に伝わる赤カブの在来種で、地域によって異なる。旧開田村《かいだむら》（現木曽町）では「開田蕪」、旧三岳村《みたけむら》（現木曽町）では「三岳黒瀬蕪《みたけくろせかぶ》」、王滝村《おうたきむら》では「王滝蕪」などとなっており、カブの形や色などが少しずつ違う。

なお、大井美知男《おおいみちお》と市川健夫《いちかわたけお》が著した『地域を照らす伝統作物』の中では、王滝蕪は温海蕪に近いとされている。

すんきの酸味は、すぐきよりもずっと強く、すっぱいもの好きにはくせになる味だ。逆に、酸味が苦手な人には強烈すぎるのも事実である。酢茎菜や野沢菜に似た見た目とのギャップに驚いた人は、削り節をたっぷりかけ、醤油を少したらすとよいだろう。地元では味噌汁の具にもされている。

金町小かぶ

カブは、直径一五センチメートル以上を大カブ、一〇～一二センチメートルを中カブ、五～六センチメートルを小カブというように、サイズで分類されている。それぞれの代表品種は、大カブが聖護院かぶ、中カブが天王寺蕪で、小カブはスーパーの店頭でよく見かける種類だ。生産量では小カブが大多数を占める。小カブは大カブ中カブと比べると、遺伝的に水分が多く肉質が軟らかいという特徴がある。

金町《かなまち》小かぶは、現在日本で生産されているすべての小カブのご先祖様的存在だ。東京下町の金町が小カブの産地となったのは、明治半ば。それ以前の産地は、下千葉《しもちば》と呼ばれていた同じ葛飾《かつしか》区の堀切《ほりきり》周辺で、下千葉小かぶと呼ばれていた。金町小かぶは下千葉小かぶが早生に改良された品種なのである。来歴は、下千葉小かぶと、三田育種場がフランスから導入した品種とが自然交雑して生まれたと考えられている。

金町小かぶは江戸東京野菜に認定されてはいるものの、在来種の生産量はごくわずかにすぎない。さらに小カブの産地自体が、江戸川を隔てた千葉県北西部の東葛《とうかつ》地域に移っている。東葛はかつて存在した東葛飾郡の名残で、松戸市や柏《かしわ》市を含む。堀切から金町、金町から松戸、さらには柏へと、東京の宅地化と工業化が進むにつれて、産地が徐々に郊外に移っていった経過がよくわかる。

もし金町小かぶを家庭菜園で育ててみたければ、改良品種である「みやま小かぶ」をお勧めしたい。いまでも簡単に種子を手に入れられる「みやま小かぶ」は、野口《のぐち》種苗園（現野口種苗研究所）が一九五一年（昭和二十六年）に発表した固定品種で、昭和三十年代から四十年代にかけて一大旋風を巻き起こした銘品種である。

ここで金町小かぶを例に、地域の在来種が育種会社オリジナルの品種に、どのように変化していったかについて触れておきたい。

自ら種子生産を行っていた各地の種苗商が、それぞれに高品質な金町小かぶの種子を採ろうと競った結果、少しずつ品質と形質に差がつくようになった。そこで国は一九五〇年（昭和二十五年）に全日本そ菜《さい》原種審査会を発足させ、公的機関が同条件で比較栽培した結果を公表し始めたのである。金町小かぶの場合には、金町系小カブ部門で審査が行われた。

当初、各社ブランドは〇〇交配という、育種した研究農場の地名を示す形で表示された。タキイ種苗であれば長岡《ながおか》交配、武蔵野《むさしの》種苗園であれば三芳《みよし》交配といった具合である。そして在来種と比べ明確な優位性を示す、より一段優れた特性を示す品種に改良された際には、各社が独自の品種名を謳って、「みやま小かぶ」等が登場するようになった。

カブの生産量日本一は千葉県

カブの生産量トップは千葉県で、五〇年間日本一。二〇一七年（平成二十九年）の全国シェアは二七・三％を占める。これは二位埼玉県の約二倍だ（農林水産省作物統計調査）。千葉県内における東葛地域の生産量は約六割とされるから、東葛地域こそ日本一のカブ産地だといえる。カブの品種改良が進んだのは、それほど昔ではなく昭和四十年代に入ってからであった。小カブの改良をリードしたのもタキイ種苗である。

一九六四年（昭和三十九年）に発表されたF1品種の「耐病ひかり」は、一年を通じて栽培可能な画期的な品種であった。それまでの品種とは桁違いの耐病性を売りにした「耐病ひかり」は、ウイルス病に強く、ス入りしにくく、環境適応性に優れ、大きさ形もよく揃った。スとは、組織にできる空隙のことで、果肉が水気を失いスカスカになる老化現象のことをいう。さらに、「耐病ひかり」は小カブサイズよりも大きく育てれば、中カブ、大カブとしても出荷できたのである。「耐病ひかり」の登場が、多くの在来種の存在価値を低下させたといえる。

「耐病ひかり」の次に天下を取った品種が、武蔵野種苗園の「白鷹《はくたか》」である。武蔵野種苗園では一九六七年（昭和四十二年）からF１品種の開発を始め、一九七六年（昭和五十一年）に「白鷹」を発表する。当時、埼玉県入間《いるま》郡三芳町《みよしまち》に研究農場を構えていたこともあり、「白鷹」の躍進はカブがあまり作られていない埼玉県南部から広がった。「白鷹」はそれまでのニンジンやホウレンソウの産地において、新規品目としてカブを受け入れさせるだけの魅力を持っていた。その後「白鷹」は、千葉の産地をおさえていた東北種苗（現トーホク）の「白根《しらね》」と坂田《さかた》種苗（現サカタのタネ）の「たかね」を押しのけて、東葛地域も制するにいたる。

それもこれも、「白鷹」のブリーダー自身が、頻繁に地元のニンジンやホウレンソウの生産者のもとにも通い、カブ栽培のメリットを説き続けたことに端を発する。他の品目を含めて自ら新規顧客開拓の最前線に立つ、新品種の生みの親としての責任を全うしようとするブリーダーには、大きなビジネスチャンスが巡ってくるものだ。

冬作向けの「白鷹」に続いて、武蔵野種苗園のヒット品種となったのは、一九七五年（昭和五十年）発表の夏作向けの「夏蒔《なつまき》13号」であった。理由は、「夏蒔13号」は高温耐性を持つカブの先駆けだったからである。

主要産地におけるトップ品種は、夏カブでは武蔵野種苗園が育成した「碧寿《へきじゅ》」である。「夏蒔13号」の後継として二〇一三年（平成二十五年）に発表された「碧寿」には、競合品種にはない強みがある。それは肌のきれいさで商品価値が決まってしまう小カブで、高温期であっても白肌を保つ能力の高さだ。場合によって、競合品種が緑がかったり、濁った白になったり、つやがなくなったりする環境条件でも、「碧寿」は美しさを保つ。

一方、秋～冬カブは同じく武蔵野種苗園が育成した「CR雪峰《ゆきみね》」とトーホクが育成した「CR白涼《はくりょう》」の二強時代となっている。

CRとは、Clubroot Resistanceの略で、根こぶ病抵抗性品種であることを意味する。根こぶ病とは、カビの一種の糸状菌によって引き起こされる土壌病害である。これに侵されると、きれいな肌と整った形が売り物のカブからはかけ離れた外観になり、売り物にならなくなってしまう。生産者の立場になれば、すべての品種がCRであってほしい。もちろんそうはいかない理由がある。天は二物を与えず。根こぶ病抵抗性を有すると、遺伝的にまずくなってしまう難しさがあった。「CR雪峰」以前にも抵抗性品種は存在したものの、いずれも味の点で、流通サイドの評価は低かった。

「CR雪峰」の革新性は、おいしさと根こぶ病抵抗性を初めて両立させた点にある。

ブリーダーが語るカブならではの魅力

武蔵野種苗の現役ブリーダーに、ダイコンに対するカブの優位性を尋ねてみた。

「ダイコンよりも軽くて農家の身体への負担が小さいことと、供給過多になりにくく価格が安定している点でしょうね。たとえば三浦《みうら》半島のダイコン産地では、カブ専業に転作する生産者も出てきています」

さらにわたしが消費者に対する魅力はと問うと、次のような答えが返ってきた。

「肉質がぜんぜん違います。ダイコンのようなザラザラ感はありませんし、辛味も少ない。生のサラダはいけますよ。逆にグリルすれば味が凝縮されてうま味が増します。正直、わたしもカブをよく食べるようになったのは、カブの担当になってからなんですけどね」

食べきりサイズの小カブは、孤食が進む時代のニーズを満たしており、この先人気が高まるポテンシャルを感じる。

かぶら寿しと金沢青

かぶら寿しは金沢の郷土料理である。寿しといっても、漬物をネタにした握りずしではない。鮒《ふな》ずしのようななれ寿しであり、魚と野菜と麹と塩を混ぜて乳酸発酵させる飯寿司《いずし》の一種である。かぶら寿しの場合は、塩漬けした輪切りのカブに切り込みを入れ、その間に塩漬けした寒ブリをはさみ、米麹で漬け込んで作る。カブをバンズに、ブリをパティに見立てたハンバーガーのような、と表現すればイメージできるだろうか。

ブリよりもカブが主役になっているため、どちらかというと飯寿司というよりも、ダイコンのべったら漬けのような麹漬けに近い。動物性たんぱく質由来のうま味もあいまって、ナチュラルチーズを使った主菜で通用する味わいだ。さすがは加賀藩《かが》で広まった正月料理、現代人の舌をも喜ばす。

ピザやホールケーキのように切り分けて食べるかぶら寿しは、一度味わえば少しでも大きいものにありつこうとしてしまうだけの魅力がある。それもそのはず、保存食として発展してきた漬物とは異なり、かぶら寿しは江戸時代に加賀藩の料理方が考案した一品なのである。起源は江戸時代中期ともいわれているが、現在の形に確立されたのは明治から大正にかけてだ。

かぶら寿しに用いられる品種は、かつては石川県の在来種である金沢青であった。金沢青は、甘味が強く、直径一〇センチメートル以上重さ五〇〇グラム以上に達する。品種名に青とついていることから想像がつくように、地上部が青首ダイコンのように緑色に着色する。また果肉が硬く筋っぽいため、かぶら寿し以外には使いにくいのも特徴だ。逆にこれがかぶら寿し独特の歯ごたえのよさを生んだ。

現在では、金沢青を使ったかぶら寿しは一部にすぎない。ほとんどが、F1品種の「百万《ひゃくまん》石青首蕪《ごくあおくびかぶ》」に替わっているためだ。

「百万石青首蕪」が発表されたのは、一九九三年（平成五年）。武蔵野種苗園が金沢青に中カブの「白盃《はくはい》」を交配し、二〇年近くかけて金沢青を改良した品種である。揃いがよくなったのは当然として、その他の改良点は、味はそのままに肉質を緻密で軟らかくしたこと、形を変えたこと。これにより漬物以外にも使えるようになった。加えて、短い収穫適期を逃すと味が落ちる金沢青に対し、「百万石青首蕪」はそのようなことはない。金沢青の生産者の協力も得て、かぶら寿し用の理想の品種を作り上げたはずであった。

ところが、実際には金沢青からの切り替えは簡単には運ばなかった。生産者とかぶら寿し生産会社の金沢青に対する愛着は、それほど強かったのである。

周囲の見る目が変わり、「百万石青首蕪」に一気に切り替わった理由は、カブの形の変化にあった。かぶら寿しには厚さ二センチメートルの輪切りにしたカブを用いる。直径よりも高さが短く扁平の金沢青と比べて、「百万石青首蕪」は丸く改良されたため、倍量採れるようになったためだ。ひとたび長所に目を向けると、見えてくるものである。筋っぽさが減った点も、かぶら寿しにより向いているという評価につながっていった。

先ほどのブリーダーはこう続けた。

「カブに限らずどんな野菜も、いまの品種のほうが昔の品種よりもおいしくなっています。消費者の味覚に合うように改良しているのですから。味の志向は時代によって変化します。小カブでは軟らかく、甘く、くせのない味が求められています。昔の品種の味を知らない人が古い品種を食べても、いまの品種よりおいしいとは感じません。ただし昔の味を知っている人にとっては、別の話になります。当時おいしいと感じた記憶が、その人にとってのうまさの基準になってしまうからです」

そもそも新品種は、世の中への提供価値が明確でなければ商品化されることはない。それを満たしてすらヒット品種になれるのは、ほんのひと握りである。在来種が消えていく理由をF1品種のせいにしたがる方の発言には、アンチの心情も働いているように思えてならない。

絵本『おおきなかぶ』の正体

絵本でおなじみの『おおきなかぶ』は、誰もが知るロシアの昔話だ。そこに描かれているカブは白い色をしていて、ぱっと見、超巨大な桜島《さくらじま》大根のようにも思える。カブのお話なのだから、超巨大な聖護院かぶと形容すべきなのかもしれない。

わたしたち日本人が何の疑問も抱かずに眺めてきた『おおきなかぶ』だが、なぜかロシアでは白ではなく黄色で描かれている。じつは、黄色がオリジナルカラーなのだ。どうやら日本のカブは白が主流なために、翻訳時に白に修正されたようだ。

この黄色いカブのモデルは、スウェーデンカブともいわれるルタバガだとされる。ルタバガの学名は *Brassica napus* sub. *rapifera* であり、セイヨウアブラナの変種である。たしかにルタバガの根はカブと比べて黄色っぽい。

日本には一八七五年(明治八年)に導入され、耐寒性に優れることから、北海道や東北で冬季の重要作物として栽培されるようになった。仙台蕪《せんだい》の呼び名もある。不作知らずの作物として、凶作に備える救荒植物として一時は重宝がられた。ただ味でカブより劣るため、日本では飼料以外では広まらなかった。

参考までにルタバガの世界記録は、イギリスで記録された五四キログラムで、桜島大根の世界記録三一・二五キログラムよりも重い。これなら『おおきなかぶ』のモデルになったのも納得だ。

第6章　ダイコン――遺伝学者の想像を超えた品種たち

かつて日本人は野菜をもっともたくさん食べる国民であった。
まずは植物学者であり探検家でもあった中尾佐助《なかおさすけ》が、『栽培植物の世界』（一九七六年）で述べた一節を紹介しよう。

日本は世界の先進国のなかでは、いちばんの野菜食いの国といってよいだろう。日本人の食事は澱粉《でんぷん》の占める割合が高く、肉、乳製品、油脂の占める割合は低く、全体的には後進国型の食事パターンに近いといわれているが、野菜の消費量は大きい。統計的にみても、日本人は野菜を多量に食べており、イタリア、フランス、アメリカなどより比率は高いといってよい。それに、これらの国の人は日本人に比べて大食漢ぞろいだから、それを考慮に入れると、実質的には日本人は世界一の野菜食いの食生活をしているとみてよい。

では、後進国にもっと野菜を食べている民族はないものかと考えたくなる。ところが私の知っているかぎりでは、後進国の民族で日本人以上の野菜食いはない。

これもすっかり様変わりしてしまった。その後日本人の野菜摂取量は減り続け、いまや国民一人当たりの年間供給量は、約九〇・八キログラム。トップ3の中国、ギリシャ、韓国の二分の一以下にすぎないのである（一般社団法人ファイブ・ア・デイ協会）。

日本人は大根食い

ダイコンの消費量については、日本はいまだに世界一である。それも二位以下に圧倒的な差をつけてだ。その量はじつに、世界の約九割を占めているとされるほど。加えてダイコンは国内でもっとも生産量の多い野菜のひとつでもある。ピーク時と比較すると一〇分の一以下にまで減少してしまっているにもかかわらず、収穫量はいまだに一三二・五万トンを誇る（平成二十九年度農林水産省野菜出荷統計）。これは国民一人当たりに換算すれば、乳幼児を含めて一年間に一キログラム相当のダイコンを約一〇本食べていることになる。

日本におけるダイコンは、誰もが普通に米を食べられるようになるまで、準主食であった。NHK連続テレビ小説「おしん」によって、このことを知った人も多いはずだ。一九八三年（昭和五十八年）には、おしんブームとともに「大根めし」が流行語となった。白いご飯のありがたみを知らない子供たちは、「大根めし」のシーンから貧しかった日本について学んだのである。

おしんの少女時代は一九〇七—一〇年（明治四十—四十三年）にかけてだが、少し時代が進んだ一九二五年（大正十四年）のダイコン生産量を人口で割ると驚くべきことがわかる。国民一人当たりの年間消費量は、いまの五倍以上、約五〇本にも達していた。

さらに、当時は全野菜種子の生産量（容積換算）の約五〇％をダイコンが占めていたという調査結果を、阿部希望《あべのぞみ》が『伝統野菜をつくった人々』の中で記している。

日本の大根のはじまり

ダイコンは弥生時代に中国から伝わったとされる。その存在を「おほね」という単語で、初めて文字で残したのが『古事記《こじき》』である。それも恋歌の中で用いられた。『古事記』が編纂されたのは七一二年（和銅《わどう》五年）だから、少なくとも貴族にとっては、ダイコンは身近な存在だったというわけだ。その恋歌とは、仁徳《にんとく》天皇が自分のもとを去った磐之媛《いわのひめ》皇后に対して詠んだ次のもの。

つぎねふ山背女《やましろめ》の　木鍬《こくは》持ち打ちし大根《おほね》　根白《ねじろ》の白腕《しろただむき》　纏《ま》かずけばこそ　知らずとも
言はめ

初期のダイコンは、妻の白く美しい腕を形容して使われもしたのである。

平安時代までは貴族のための高級食材であったダイコンも、時を経て広く庶民が食べる作物となっていった。一七一四年（正徳四年）に出版された貝原益軒《かいばらえきけん》の『菜譜《さいふ》』でも、ダイコンは真っ先に紹介されている。また、徳川吉宗《よしむね》の命で丹羽正伯《にわしょうはく》がまとめた『諸国産物帳』（一七三五年）を調べれば、日本においてダイコンがどれだけ重要な作物であったかがよくわかる。

『諸国産物帳』は、本草学者であり博物学者でもあった丹羽正伯が、全国各地に対して産物を調査させた記録である。このような全国一斉調査は、日本の歴史上初めての取り組みであった。内容の分析結果については、農業発達史調査会の盛永俊太郎《もりながとしたろう》と安田健《やすだけん》の『江戸時代中期における諸藩の農作物：享保・元文《げんぶん》諸国物産帳から』に詳しい。記録が現存する四二領だけ見ても、野菜ではダイコンの品種数が一番多い。その数はのべ四〇二に達する。なかでも美濃国が六〇、尾張国が四一となっており、両国では多種多様な品種が生産されていたことがわかる。

ちなみに全国で、カブはのべ一二八、ダイズはのべ一三三八であった。

江戸時代は、参勤交代と伊勢《いせ》参りを代表とする旅行ブームによって、日本列島内で人々の移動が盛んになった。人とともにタネや苗も行き来し、作物や品種の栽培範囲が一気に広がった。これにともない、その土地土地の環境や好みに合った個体が生き残ったり選ばれたり、偶然近くに植えられた品種同士で自然に交雑が行われたりして、それまでにない特徴を持つ個体が次々と出現していったのである。

図らずも徳川幕府は、国家レベルで品種改良を進めた育種機関としても機能していた。

ダイコンの原産地は地中海東岸から黒海沿岸にかけてだとされる。ピラミッドの壁画にも描かれたダイコンは、重要作物のひとつとしてユーラシア大陸のほぼ全域に広まった。不思議なことに、ヨーロッパのおもな品種がハツカダイコン（ラディッシュ）や黒ダイコン程度にとどまったのに対し、アジアでは地下部が大型化した品種が生まれた。さらに東方の日本では、他の地域にはない特異な品種がいくつも生み出された。重さ世界一（ギネス記録三一・二五キログラム）の桜島大根と、長さ世界一（二三三・五センチメートル）の守口大根は、東洋の神秘と称されるほどの存在なのである。

現代ダイコン事情

二〇一四年（平成二十六年）、日本における野菜の歴史が大きく動いた。それも一〇〇〇年をはるかに超える歴史が、である。何の話かというと、平安時代からずっと生産量ナンバーワンを守り続けてきたダイコンが、その座を奪われたのだ。

代わりにトップに立ったのはキャベツである。キャベツが導入されたのは江戸時代末期だから、一五〇年程度で日本の野菜市場を制覇したことになる。この事実を広くとらえれば、根菜が葉菜に抜かれたという見方も成立しよう。

昭和四十年代のダイコンの栽培面積は約七万ヘクタールであった。用途は漬物用とそれ以外が、ざっくり半々といったところだ。ところが、いまでは約三万ヘクタールにまで減少している。一番の原因は、漬物需要が激減したため。もっともこれはダイコンだけに限らず、同じく漬物の定番であるハクサイとキュウリも大きく生産量を落としている。

青首ダイコンのご先祖様は宮重大根

わたしたちが普段見かけるダイコンは二種類に大別される。葉に近い上部が緑色の青首ダイコンと、葉の付け根まで真っ白な白首ダイコンである。

どちらが主流かといえば、圧倒的に青首ダイコンだ。ただしこれは一九八〇年代以降の話で、それ以前は白く長く重いもののほうが多く、青首がマイナーな存在であった。

大根足という単語は江戸時代に生まれたとされる。その語源となったダイコンは、もちろん白首ダイコンである。もっとも当初は白くすらっとした脚をたとえた褒め言葉であったのが、その後に練馬《ねりま》大根や三浦大根のように太く改良された品種が登場したために、陰口に意味が変わってしまった。

いまや店頭で見かけるのは青首ダイコンばかり。各育種会社から、合わせて二〇〇を超える品種が販売されている青首ダイコンも、元をたどればすべてがひとつの品種にたどりつく。その品種こそが尾張の宮重《みやしげ》大根なのである。

尾張大根、方領大根、宮重大根

尾張では奈良時代後期からダイコンが多く作られていた。室町時代になると、尾張国はダイコンの名産地として名を知られ、以来尾張の大根は、皇室と将軍家への献上品として用いられ続けた。したがって尾張大根は初めて全国に広く知られたブランド大根だといえよう。ところが尾張大根という品種は存在しない。そもそも尾張大根は外部の人たちに呼ばれた名前であり、尾張に存在した方領《ほうりょう》大根と宮重大根という二つの優れた品種のどちらもが、尾張大根と呼ばれていたというわけだ。

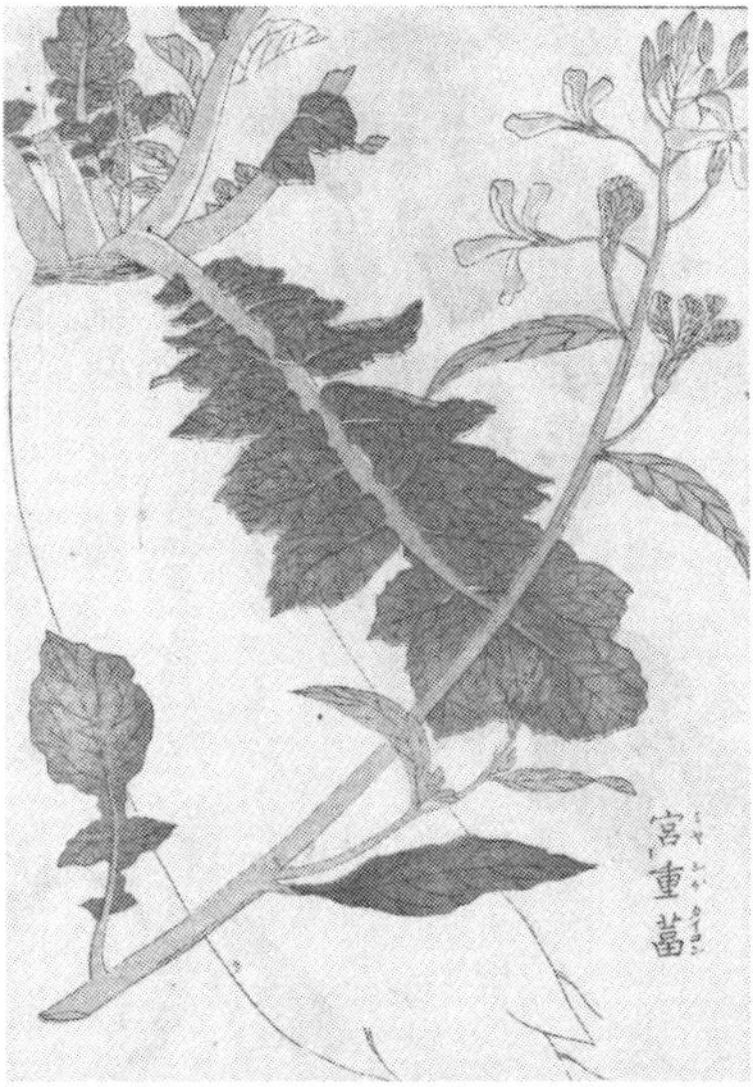

図表22　『成形図説』に描かれた宮重大根（国立国会図書館蔵）

まずは方領大根について紹介しよう。方領大根は白首ダイコンで、根が水牛の角のような形で曲がる特徴がある。サイズは宮重大根よりも大きい。幅広い用途に使えるおいしい品種である。なんと曲がりが強いほど味がよいとされていた。品種が成立した地域は、清州《きよす》城から西に約二キロメートル、海部《あま》郡甚目《じもく》寺村方領（現愛知県あま市方領）である。

方領大根で特筆すべきは、一八八一年（明治十四年）に海東郡《かいとう》方領大根採種組合が結成されたこと。これは高品質な種子の安定生産と安定供給を目的としており、組織的に品種維持に取り組んだ初めてのケースである。

方領大根は病気に弱く傷みやすかったこともあり、一時絶滅しかかったが、あいち在来種保存会などによって守られている。

宮重大根のほうは、清州城から北に約三キロメートル、春日井《かすがい》郡落合《おちあい》村枝郷《えだごう》宮重（現愛知県清須市春日《はるひ》宮重《みやしげ》）で成立したとされ、宮重大根の名前が現れたのは、宝永《ほうえい》年間（一七〇四—一一）である。

宮重大根は方領大根と比べて辛味が少なく、生でもおいしく食べられることから、栽培地が全国に広がった。だが一九六一年（昭和三十六年）以降のＦ１品種の登場によって、急激に生産量を減らすこととなる。加えてウイルス病の蔓延を機に、地元の清須町ですらニンジン、ホウレンソウ、ネギなどへの転換が進んだ。気がついたときには在来種の宮重大根は消滅していたのである。

青首ダイコンを全国区にした耐病総太り

青首ダイコンが全国区になれたのは、ある大ヒット品種のおかげだ。一時はダイコン生産量の約五〇％を占めていたから、それこそアップルのiPhone登場時級のインパクトを与えたといえる。

この品種の名は「耐病総太り《たいびょうそうぶと》」。育成したのはタキイ種苗である。タキイ種苗の社史によれば、「耐病総太り」の開発は、青首ダイコンによる関東市場開拓という明確な事業戦略に基づいていた。

一九七〇年代前半、青首の宮重大根は、甘味と肉質のよさから関西・中京圏で人気があった。しかし病気に弱いうえ、肉質を劣化させるス入りも早いという欠点があったために、関東にまでは広まらずにいた。

そこでタキイ種苗はこれらの欠点を改良し、病気に強く、ス入りが遅い、総太り型の「耐病総太り」を一九七四年（昭和四十九年）に投入したのである。総太り型とは、葉の付け根の肩から先端部までがほぼ同じ太さのダイコンになるタイプのことをいう。

さらにF1品種の「耐病総太り」は、宮重大根よりも揃いが格段によくなったうえに暑さに強く、栽培可能な期間を長くできるという画期的な品種であった。そのため青首ダイコンの産地では、すぐに狙い通りの販売成績を残した。

だが一方で、ダイコン最大の生産地である関東市場開拓という目標については、思い通りには運ばなかった。なぜかといえば、関東では、消費者はおろか生産者までも青首ダイコンを敬遠していたためだ。上部が緑色になる見慣れないダイコンに対する心理的抵抗感は、想像以上に根深かったのである。

こと関東地方に限っては、練馬大根に代表される白首ダイコンの寡占市場のままであり続けるかと思われた。ところが誰もが予想だにしなかった出来事によって、デビューから五年後に「耐病総太り」は突如大ブレークをはたす。

一九七九年（昭和五十四年）一〇月一九日、和歌山県に上陸した台風二〇号は本州を縦断、さらに北海道にも上陸した。最低気圧八七〇ヘクトパスカルという世界最低記録をいまでも保持する、日本の気象観測史上最強の台風である。その被害は甚大で、死者行方不明者は一一五名にも及び、鉄道と高速道路が麻痺《まひ》する事態となった。もちろん農作物も同様で、関東のダイコン産地もダメージを受けた。特に神奈川県三浦半島の三浦大根産地は、壊滅的な打撃を被《こうむ》った。

三浦大根は肉質がとても緻密で軟らかく、煮物にすると甘味が増す特徴がある。また、なますにも向くため、関東では正月料理には欠かせない冬ダイコンの定番となっていた。播種《はしゅ》から収穫まで三ヶ月半を要する三浦大根は、出荷最盛期の年末に向けては、タネを九月上旬に播かなければならない。その苗が一晩で全滅してしまったのである。

播き直しをしようにも、三浦大根の播種適期はとうにすぎてしまっていた。このまま打つ手なく一シーズンを棒に振るわけにはいかない。現金収入を得るための窮余の一策が、三浦大根よりも栽培期間が短く、遅くまで収穫できる青首ダイコンの播種であった。

この一か八《ばち》かの播き直しで驚くべき結果を残したのが、「耐病総太り」であった。病気への強さは期待以上であり、海水を被った土壌を苦にすることなく育ったのである。

はたして「耐病総太り」は高値で出荷されただけでなく、買いたくても白首ダイコンを買えなくなった関東の消費者に、初めて青首ダイコンを手に取らせる契機となった。

また「耐病総太り」は生産者に対しても、新鮮かつ強烈な好印象を抱かせた。それは収穫作業のしやすさであった。もともと白首ダイコンが葉をのぞく全身を地面に潜らせているのに対し、青首ダイコンは上部を地上部に飛び出させる特徴がある。これにより本来は茎である胚軸の部分が日光を浴びて、緑色に色づくのだ。ダイコンの一部が地上部に出ていれば、三浦大根とは比較にならないほど抜く手間が楽になる。さらに、土に埋まった根の真ん中部分が一番太くなる中ぶくら型の三浦大根と寸胴《ずんどう》の総太り型とでは、土の抵抗自体にも大きな差があった。これに加えて重さも長さも半分程度の青首ダイコンは、収穫時の重労働に悩むダイコン生産者にとって、まさに理想的な品種だといえた。

これだけではない。「耐病総太り」は流通形態までも変えてしまった。中ぶくら型の三浦大根はビニール袋で出荷されていたために、傷つきやすいうえ、運搬に手間を要していた。それが、より短い総太り型の青首大根によって、段ボールで出荷できるようになったのである。

ここまでの活躍を見せつけられれば、翌年一気に「耐病総太り」への切り替えが進んだのも、日本中で青首ダイコンブームが巻き起こったのも、当然だと思えてくる。

いまでは各社からより優れた品種が発売されているが、発売後四〇年以上を経ても「耐病総太り」は作られ続けている。「耐病総太り」に限っていえば、あの台風二〇号が追い風になったと言い切ってかまわないだろう。

三浦半島はその後も青首ダイコンの一大産地である。しかし現在の主力品種は、一二月収穫はみかど協和《きょうわ》の「福誉《ふくほまれ》」、一月収穫もみかど協和の「青誉《あおほまれ》」、二〜三月収穫はサカタのタネの「冬みね」に切り替わり、他社品種を圧倒したシェアを誇っている。

最後に、「おしん」という名の品種が青首ダイコンにあることを付け加えておきたい。便乗商法と思われてもしかたがないこの品種は、四月から六月にかけて収穫期を迎える春ダイコンである。「おしん」はタキイ種苗が一九八四年（昭和五十九年）に発表した品種で、ＮＨＫでおしんが放映された時期に商品化された品種だ。期待に反して、こちらの「おしん」は全国区のヒット品種にはなれなかった。それでもいまだに終売にもならず、家庭菜園向けには安定して売れ続けているところに、おしんらしさを感じてしまう。

三浦大根、三浦のだいこん

三浦半島の先端部三浦海岸では、毎年三月初旬に三浦国際市民マラソンが開かれる。世界最大級のホノルルマラソンの姉妹大会でもある三浦マラソンは、参加賞がちょっと変わっていることで話題になる。参加者全員にダイコン丸一本が配られるのだ。

三浦市は、昔から三浦大根の産地として全国的に有名だ。市町村別の秋冬ダイコン生産量は全国一位を誇る。たかが参加賞とはいえ、「三浦のだいこん」のブランド名に恥じない見事なもの。ただしもらえるのは三浦大根ではなく、普通の青首ダイコンである。もらえるのなら三浦大根のほうが、わたしは数倍嬉しいのだが、主催者から見ればそうはいかないわけがある。

まずは単価の問題だ。三浦大根の卸価格は、青首ダイコンの四倍を超える。もうひとつの理由は、いまや三浦半島における三浦大根の生産割合は、一％にも満たないからだ。三浦市農協が取りまとめて三浦大根を出荷・販売するのは、年末の三日間のみ。それ以外の時期は、地元の直売所でしか手に入らない。残りの九九％弱、ほとんどすべてが青首ダイコンなのである。一一月から三月にかけての五ヶ月間に、主力品種だけでも一六〜一七もの青首ダイコンが生産されている。これが「三浦のだいこん」の現実なのだ。

三浦半島でダイコン生産について記録されたのは、一八四一年（天保十二年）の『新編相模《さがみの》国《くに》風土記稿』が最初だとされているが、当時栽培されていたのは三浦大根ではなく、小さく短いねずみ大根と呼ばれる種類であった。

三浦大根は、一九〇二年（明治三十五年）以降、江戸時代に育成された「高円坊《こうえんぼう》」という三浦半島の地大根と練馬大根とが自然交雑したものから選抜され、これにさらに「中ぶくら」が交配されてできあがったとされる。長さは六〇センチメートル程度、重さは三キログラムを超える白首ダイコンである。

それ以来三浦大根は、「耐病総太り」にその座を奪われるまで五〇年以上もの間、三浦半島の特産品として名声をほしいままにしてきた。だがいまでは三浦大根にしても、もともと三浦大根と呼ばれた品種は生産されておらず、三浦市農協が改良した「中葉《ちゅうば》」とミヤサカのタネが改良した「黒崎三浦」の二品種に切り替わっているのである。

いまや「三浦のだいこん」の中でもニッチなアイテムになってしまった三浦大根ではあるが、今後も正月向けの縁起物として、消費者に求められる存在であり続けるのであろう。

レディーサラダ

三浦市のダイコンの生産量は約四五〇〇万本。全国どこででも生産される青首ダイコンにいつまでも依存していては、産地としての独自性を訴え続けるのは困難だ。かといって再び三浦大根の生産量を増やすことなどできはしない。そこで三浦市農協は一九七七年（昭和五十二年）から、ダイコンの消費拡大につながり、新たな特産品ともなるような品種の開発に取り組んだ。そしてサラダ専用品種として一九八八年（昭和六十三年）に「レディーサラダ」という名の品種を育成するのである。

赤みを帯びた濃いピンク色の皮が特徴の「レディーサラダ」は、長さ二〇〜二五センチメートル程度、重さ三〇〇〜三五〇グラムの小ぶりな総太り型。一回の調理で使い切れるサイズを狙って育種されたという。この戦略は、大玉スイカに対する小玉スイカと同じである。

ダイコンを生食する場合、普通は皮をむくが、「レディーサラダ」は皮が薄いため、いちいち皮をむく必要はない。そのまま千切りやスライスするだけで、皮の赤と果肉の白のコントラストが美しいダイコンサラダができあがる。ラディッシュよりも水気が多く、青首ダイコンに近いみずみずしい食感と味であることも特徴だ。また、酸と反応すると皮が美しく発色するため、浅漬けや甘酢漬けにも向く。

このように「レディーサラダ」は三浦大根とは見た目がまったく異なるが、しっかり三浦大根の血を受け継いでいる。それなのに似ても似つかない姿なのは、「レディーサラダ」にはラディッシュの血も入っているからなのである。

地域限定生産品種である「レディーサラダ」の作付けは順調に増え続け、いまでは「三浦ダイコン」と同程度の栽培面積を誇るまでになった。出荷は青首ダイコンよりも早い一〇月に始まって三月まで続き、各地の店頭に並ぶ。

時代の変化に合わせた育種目標

日本一のダイコン産地は北海道である。二位以下には、千葉県、青森県、鹿児島県、宮崎県と続く。三浦市のある神奈川県は第六位だ。

北海道の生産量が抜きん出ているのは、基本的に暑さが苦手なダイコンを真夏でも生産できる点にある。

北海道でもっとも多く生産されている品種は、夏ダイコンの「夏つかさ」である。トーホクが育成した「夏つかさ」が発表されたのは、一九九五年（平成七年）。耐暑性に優れ、肥大が早く、ウイルス病に強い点が、道内全域でいまだに生産者から高く評価されている。

ダイコン産地は全道に広がるが、「夏つかさ」は栽培適応性が広く、いずれの産地でも収量と品質がともに安定している。出荷量がもっとも多い八月は、北海道でも三〇度を超える日が続く。この高温期に内部が変色する生理障害を、もっとも起こしにくい品種が「夏つかさ」なのである。

ダイコンの家庭消費が減る一方で、育種会社は業務需要の伸びに目をつけ品種改良を行っている。加工用として伸びているのは、刺身のつま、大根おろし、おでんである。これらを青首ダイコンでまかなってきたわけだが、じつはある問題が生じていた。一見付け入る隙のなさそうな青首ダイコンにも弱点はある。

青首ダイコンの緑色の皮をむくと、内側の肉まで緑色になっていることに気がつく。青首ダイコンの緑色の部分は、皮をむいても果肉に青みが残りやすい。家庭用ならともかく、これは業務用では許されない。青首ダイコンであっても一皮むけば真っ白であることが求められる。コンビニエンスストアのおでん向けには問題を抱えているのだ。この部分を見た目が悪いとコンビニ各社が廃棄している。セブンイレブン一社に限ってみても、おでん用に一二〇〇万本もの青首ダイコンが用いられていると、久松達央《ひさまつたつおう》は『キレイゴトぬきの農業論』で述べている。

これにいち早く目をつけた育種会社が、横浜に本社を構えるサカタのタネである。サカタのタネが二〇〇二年（平成十四年）に発売した「冬自慢」は、青首部分の果肉が青くなりにくいことを売りにしていた。同社は引き続き、「冬みね」、「冬みね２号」、「冬しぐれ」と同じコンセプトの品種をリリースし、出荷時期を拡大させてきている。もちろん他社からも続々と同タイプの新品種が投入されている。「おでん」という名の品種もあるぐらいだ。

大根河岸と練馬大根

東京メトロ銀座駅を出ると、真正面に銀座千疋屋が現れる。中央通りを東京駅方面にしばらく歩けば、目の前を横切る首都高速道路の高架の下をくぐることになる。これを抜けてすぐ、道の左側に「京橋《きょうばし》大根河岸青物市場跡」と彫られた大きな石碑が目につく。首都高建設のために埋め立てられてしまってはいるが、京橋の地名から想像がつくように、ここはかつて川が流れていた。

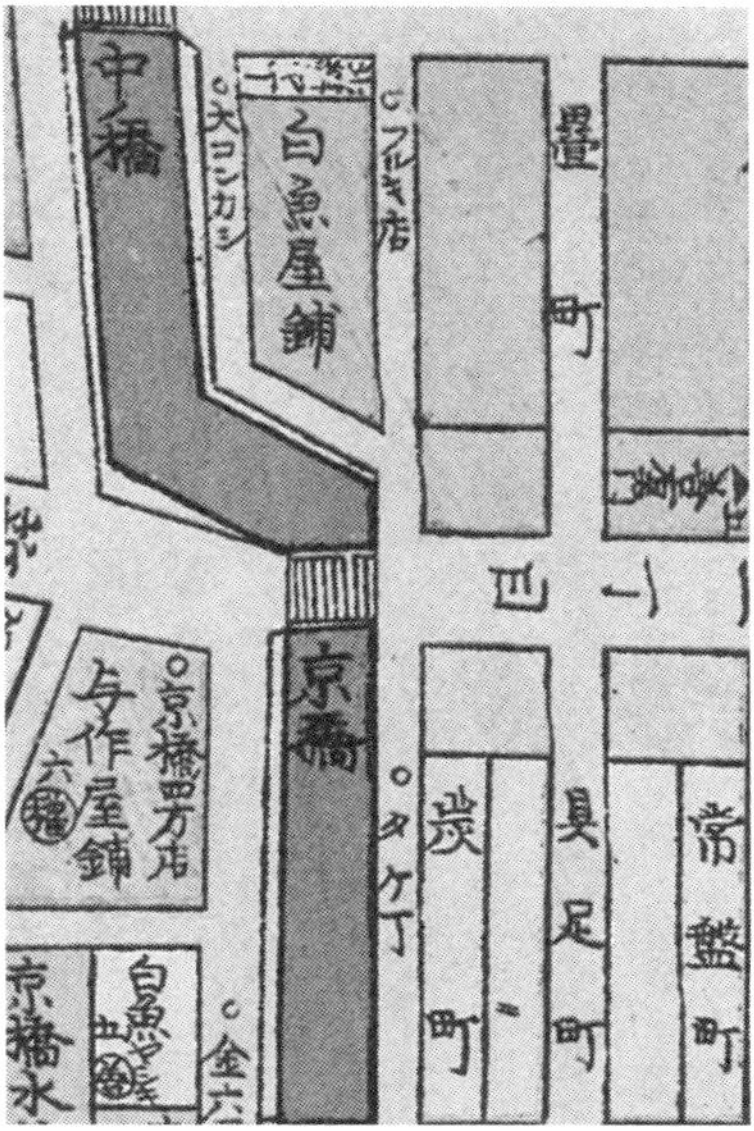

図表23　京橋川の河岸（右方が北を指す）

その川は京橋川と名づけられた、

江戸城の外堀とともに開削された堀川であった。京橋から皇居方面外堀通りに向かって、中之橋（紺屋橋《こんやばし》）までが大根河岸。ここに船で葛飾方面から亀戸《かめいど》大根が、また練馬方面からは牛車で大量の練馬大根が運び込まれていた。

大根河岸と呼ばれてはいたが、先ほどの石碑に「青物市場」と刻まれているようにダイコン以外の青果も取り扱われていた。中之橋からさらに西側には薪河岸《たきぎがし》と白魚河岸《しらうおがし》が、京橋をはさんで東側には竹河岸《たけがし》があるなど、この界隈《かいわい》は日用品が集まる市場だったのである。

大根河岸は、一九三五年（昭和十年）に東京市中央卸売市場が築地《つきじ》に開場した際に、移転した。

「京橋大根河岸青物市場跡」の碑から五メートル離れたところに、もうひとつ石碑がある。大きさは大根河岸の碑の約三倍で、より立派なたたずまい。何の碑かと思ったら、「江戸歌舞伎発祥之地」碑だ。そういえば「大根役者」の役者は、歌舞伎役者のこと。大根役者は、この場所で生まれた単語ではないかと思いたくなる。

練馬大根とたくあん漬け

さて、練馬大根は長さが一メートル以上、重さは二キログラムにもなる大柄な白首ダイコンである。来歴は不明だが、江戸に持ち込まれた品種同士が自然に交配してできたとされる。尾張の方領大根が大きくかかわっていたとする説もある。

練馬大根の栽培は、元禄《げんろく》年間（一六八八—一七〇四）に武蔵国北豊島《きたとしま》郡練馬村（現東京都練馬区）で始まった。その後江戸名物番付に名を連ねるほどの人気ぶりであったから、練馬大根の種子は格好の江戸土産となって日本全国に広まっていった。一九一九年（大正八年）の東京府におけるダイコンの栽培面積は四二六〇ヘクタールで、その八割は漬物用の練馬大根であったとの記録が残されているほどだ。

図表24　『江戸名所図会』に描かれた練馬大根（国立国会図書館蔵）

そもそも漬物は、野菜が不足する時期の保存食である。ダイコンの場合は、春以降も食べられるように加工技術が発達してきた。漬物といえば、古来、塩漬けが主であり、味噌漬けやぬか漬けは比較的新しいのである。

練馬大根ときたら、たくあん漬けの話題は外せない。ご承知の通り、たくあん漬けは大根のぬか漬けである。玄米を精米する際に出るぬかは、もともとはとても貴重な食材であり、ぬか漬けもまた身分の高い者のためのものであった。

それが江戸時代になり、庶民までが白米を食べる習慣が江戸で定着したことにより、変化が起きた。すでに人口一〇〇万人を超えて世界最大の都市になっていた江戸では、玄米を精米した際のぬかが大量に出るようになったため、ぬか漬けもまた庶民の口に入るようになったのである。

白米が主食になったということは、米ぬかや粟や稗の雑穀類に多く含まれるビタミンB1が摂取されにくくなったことを意味する。そして、当時は原因がわからず、江戸煩《わずら》いと呼ばれていた脚気《かっけ》が発生するようになる。

これに対して少なからず効果があったと考えられるのが、たくあん漬けである。ダイコンに含まれるビタミンB1はわずかだが、たくあん漬けにすると糠床《ぬかどこ》からビタミンB1が取り込まれる。たくあん漬けは、栄養補助食品の役割も果たしていたのである。

なお、大根をそのままぬか漬けにするのではなく、いったん干してから漬けるたくあん漬けは、沢庵《たくあん》和尚こと沢庵宗彭《そうほう》が江戸に伝えたともされる。また練馬大根の産地では、昭和初期までたくあん作りは生産者の副業であり続けた。

干し大根

一二月から一月にかけてのおよそ二ヶ月間、宮崎空港から宮崎自動車道に乗るとすぐに、巨大な白い壁が目に飛び込んでくる。高さ六メートルの干しやぐらにずらっとダイコンが干される姿は、宮崎市清武《きよたけ》・田野《たの》地区ならではの光景だ。それもそのはず、ここは日本一の干し大根産地で、その生産量は全国の約八割を誇る。

この地域で干し大根作りが盛んになったのは、一九六〇年（昭和三十五年）ごろのこと。鰐《わに》塚《つか》おろしと呼ばれる乾いた北西の風が、漬物用の原料づくりに最適であったためだ。

もちろん干し大根用の品種も存在する。タキイ種苗が一九七八年（昭和五十三年）に発表した、練馬大根型の白首ダイコン「干し理想」がそうだ。

干し大根用品種に求められる特徴は、干しやすいことに尽きる。乾燥機を用いず、風と天日で干すのだから、そもそも水分含量が少なめで、細いことが望まれる。これに加えて、形は寸胴である必要がある。もちろん干し具合が均一になるようにだ。もし、中央が太かったり先端が細かったりすると、場所によって水分含量が異なってしまうからである。

漬物需要の急減は、干し大根の産地にも大きな影響を与えた。宮崎県だけではない。宮崎県に次ぐ産地の愛知県にとっても同様である。当然のことながら干し大根の白壁も、年々減る一方だ。清武・田野地区の生産量もピークの一九九四年（平成六年）の一万三五四七トンと比較すれば、ようやく下げ止まったものの三分の一以下にまで減ってしまった（宮崎市役所田野総合支所調べ）。

図表25　『成形図説』に描かれた桜島大根（国立国会図書館蔵）

桜島大根と守口大根

桜島大根と守口大根は、前述のように、それぞれ重さと長さでギネス記録を持つ品種だ。桜島大根の太さ（直径）はうまく育てれば五〇センチメートルを超えるのに対し、守口大根はわずか二～三センチメートル。アジア大陸の西から東へ広がっていったダイコンが、海を越えて日本列島にたどりつき、これだけの多様性を示すなどとは、世界一の植物学者の想像をも超えていた。

ロシア帝国に生まれたニコライ・バビロフは、農作物の増産のためには多様な遺伝資源を確保して品種改良を進めることが重要だという信念のもと、世界各地で遺伝資源探索を行い、世界最大のコレクションを作った偉人である。

このバビロフが一九二九年（昭和四年）に来日した際に、日本の研究者たちとの駅での別れ際に、汽車から「サクラジマダイコン！」と叫んだエピソードは、いまもなお語り継がれている。

「遠くから見るとこの野菜は大きな子豚と見間違えるほど大きい」

重さ三一・二五キログラムのギネス記録を持ち、青首ダイコンに分類される桜島大根の来歴ははっきりしない。一八〇四年（文化元年）の『成形図説』には桜島大根のさし絵が載っているが、なぜか丸くない。『成形図説』は薩摩藩が作った百科事典であるから、絵が間違っているはずはない。その後の一〇〇年で様変わりした証拠である。

鹿児島県農業開発総合センターは二〇一六年（平成二十八年）に「桜島おごじょ」を育成した。「桜島おごじょ」はF1品種であるため、在来種よりも揃いがよく、ス入りの時期が遅い。桜島大根の栽培面積は八ヘクタールにすぎないが、すでにそのうちの二ヘクタールを「桜島おごじょ」が占めている。

長さ二三三・五センチメートルの世界記録を持つ守口大根の産地は、愛知県丹羽《にわ》郡扶桑町《ふそうちょう》である。扶桑町は北を東西に流れる木曽川で岐阜県と接しており、木曽川流域の水はけよく、やわらかい土壌のおかげで守口大根の産地となった。いまでは扶桑町が国内生産量の約七割を占めている。

守口大根の用途は、名古屋名物守口漬に代表される漬物に限定されている。漬物にすると守口大根独特の歯ごたえをもっとも楽しめるからだ。

ところが宮崎安貞《やすさだ》の『農業全書』（一六九七年）には守口大根の名はなく、宮ノ前大根と呼ばれていて大阪守口産の漬物だと記されている。つまり守口大根も守口漬も、発祥は現在の大阪府守口市なのである。

現在の守口漬の特徴は、酒粕《さけかす》で漬ける奈良漬とは異なり味醂粕《みりんかす》で漬ける点にある。しかし名古屋の守口漬に味醂粕が使われるようになったのは、明治以降である。それ以前は酒粕で漬けられていた。原料の大根が、大阪の守口大根から美濃国（岐阜県）のホソリ大根や美濃干し大根に代わっていく過程で、守口漬の産地も大阪や岐阜から名古屋に移っていった。

いまの守口大根は、細根大根の総称ともいえる。

一九九二年（平成四年）には愛知県農業総合試験場が、揃いがよく栽培期間を約三〇日短縮したF1品種を開発した。一九九九年（平成十一年）に「スラート」の名で品種登録され当初は歓迎されたものの、現在ではまったく生産されていない。理由は、F1の長所が逆に問題を起こしたためである。

生育の早さが災いし、先端部にスが入るのも早まったのだ。収穫適期を見極められれば問題は生じなかったのだが、それが難しかったために漬物会社に敬遠されてしまった。

桜島大根と守口大根の子供はどんな姿になる?

桜島大根と守口大根を交配して得られた雑種は、いったいどんな姿になるのか？　ブリーダーでなくとも答えが知りたい問いだろう。わたし自身、真っ先に試してみたい組み合わせだ。

表には出てこないが、この組み合わせで雑種を作り、研究農場の片隅でその成長を見守るのを密《ひそ》かな楽しみとしたブリーダーは、過去に大勢いたに違いない。それほどまでに桜島大根と守口大根が持つ個性は魅力的に映る。ただプロであれば、結果だけは想像できる。そう、雑種に商品性はなかったというオチだ。

育種もそうだが、研究開発における失敗事例は滅多に公表されることはない。真相を知るのは関係者のみというケースばかり。外部の者は推察するのがせいぜいだ。

ところが嬉しいことに、わたしたちのこの素朴かつ最大の関心事に対してひとつの事例を示してくれた人たちがいる。桜島大根のふるさとで共同研究を行った、鹿児島県立錦江湾《きんこうわん》高校と鹿児島県立山川《やまがわ》高校の両校の生徒たちである。生物研究部が二〇一一年（平成二十三年）に、雑種は桜島大根と比べて、重さ約一・四倍、長さ約一・七倍となったという研究成果を発表してくれたのだ。

生徒が雑種につけた品種名は、「桜守ダイコン」。桜好きならずとも、風雅なネーミングには惹かれてしまう。ただし読み方は「さくらもり」ではなく「おうもり」である。桜守の名前の由来は述べるまでもないだろう。

聖護院大根

聖護院大根は京野菜の代表選手のひとつ。丸い形が特徴だ。煮くずれしにくいため、煮物やおでんなど、京の冬の味覚には欠かせない。

聖護院大根の歴史は、文政年間（一八一八―三一）のはじめごろ、左京区黒谷《くろだに》の金戒光明寺《こんかいこうみょうじ》に、尾張から宮重大根が奉納されたときに始まる。法然上人《ほうねん》によって開かれた金戒光明寺は、幕末には京都守護職に就いた会津藩《あいづ》の本陣となった。また、新選組《しんせんぐみ》結成の地でもある。

この宮重大根の形を変化させたのは、愛宕郡《おたぎ》聖護院（現京都市左京区聖護院）の篤農家、田中屋喜兵衛である。聖護院かぶを育成した喜兵衛が目をつけた理由は、このあたりで古くから栽培されていた中堂寺《ちゅうどうじ》大根よりも大きく見た目もよかったためだ。金戒光明寺からそのうちの一本を譲り受けた喜兵衛は、種子を採ったのである。

その後、短く丸く育つ個体を選び続け、収量に優れ味がよく、もとの宮重大根とはまったく異なる姿に改良したと伝えられる。こうして喜兵衛が生み出した品種は、聖護院付近の名産品となっていき、聖護院大根と呼ばれるようになった。

聖護院大根には、いくつもの品種が存在する。早生は「鞍馬口」、晩生は「淀」、「鷹ケ峰」、「高農《こうのう》聖護院」、「国富」、「冬どり聖護院」などである。

辛味大根、ねずみ大根

生産量を大きく減らす一方のダイコンの中にも、生産量を増やしているカテゴリーがある。それは辛味大根だ。

たしかに蕎麦屋《そばや》のトッピングメニューや農産物直売所で普通に見かけるようになってきたし、スーパーの店頭にも並ぶようになっている。

一七五一年（寛延《かんえん》四年）に日新舎友蕎子《にっしんしゃゆうきょうし》が書いた『蕎麦全書』にはおおむね以下の内容が記されている。

「ソバにはダイコンのしぼり汁がつきもの。しぼり汁を好む人の割合は一〇人中八～九人である。春から夏は辛い品種が少なくなるから、よく選んで使ったほうがよい。武蔵の『赤山大根』『うじしり大根』『鼠大根』がよい」

また、一六九七年（元禄十年）の『農業全書』には、伊吹菜《いぶきな》とかねずみ大根と呼ばれるものがあり、近江の伊吹山《いぶきさん》の名物だと記されている。

辛味大根といえば、長野の戸隠地大根や京都の辛味大根をはじめ、北は岩手の安家《あっか》地大根から南は宮崎のすえ大根まで、全国各地にご当地品種が存在する。いずれも小型で水分が少なくデンプン質に富み、辛味が強いのが特徴だ。ねずみ大根は、形も大きさもねずみそのもの。長野県北部の埴科《はにしな》郡坂城《さかき》町《まち》では、一九九九年（平成十一年）に坂城町ねずみ大根振興協議会を設立し、組織的に普及に取り組んでいる。

辛さ日本一を争うことで知られるのが、秋田県鹿角《かづの》市の在来種の松館《まつだて》しぼり大根だ。松館しぼり大根は、この辛味に加えて糖度が一〇度と、普通の青首ダイコンの倍近くある特徴を持つ。松館しぼり大根の名前は残しているものの、実態は秋田県農業試験場が育成し、二〇〇三年

（平成十五年）から普及が始まったＦ１品種「あきたおにしぼり」が大部分を占めるようになっている。

一方で、辛味大根の極上品とされた武州赤山（現埼玉県川口《かわぐち》市）の赤山大根は、絶えてしまった。なお、うじしり大根は、ねずみ大根と同じだとされる。

春ダイコンのトンネル栽培のはじまり

ダイコンは首の色の他に、収穫時期の違いによって、秋冬ダイコン、春ダイコン、夏ダイコンの三タイプに分類される。

当然のことながら最大勢力は、夏に種子を播き秋から冬にかけて収穫する秋冬ダイコンで、宮重大根、練馬大根、聖護院大根等、有名どころの品種がずらっと並ぶ。かたや春ダイコンは時無《ときなし》大根、二年子《にねんご》大根と亀戸《かめいど》大根程度、夏ダイコンは夏大根、四十日《しじゅうにち》大根程度しかなかった。

太平洋戦争後のダイコンの育種目標は、秋冬ダイコンが採れない時期に出荷できる品種となった。もちろん食料増産をめざしてである。

当時の春ダイコンは、関西では時無大根、関東では二年子大根であった。どちらも花茎《かけい》を伸ばすトウ立ちが遅いのが特徴である。両者ともに種子を播くのは秋である。

夏ダイコンは全国的にみの早生大根で占められるように変わっていた。みの早生大根がウイルス耐性を有していたからである。みの早生大根は、練馬大根の産地で百姓の巳之吉《みのきち》が、秋冬ダイコンより前に出荷できる品種として改良したもの。おそらく練馬大根と亀戸大根が交雑して得られた個体が発端だろうとされている。したがって美濃国とは関係がない。

いずれにせよ春ダイコンも夏ダイコンも、秋冬ダイコンと比べれば、欠点が目についた。

世界で初めてのダイコンのF1品種が発表されたのは一九六一年（昭和三十六年）、日本においてだ。品種名は「春蒔《はるまき》みの早生」、育成したのはタキイ種苗であった。「春蒔みの早生」は白首ダイコンで、早出しのトンネル栽培に向く品種であった。揃いがよく、トウ立ちが遅い「春蒔みの早生」の登場によって大根のトンネル栽培が普及し、春ダイコンの生産量が伸びたのである。

みの早生大根は他の品種よりも早生で耐暑性を持つから、すぐに夏ダイコンの中心的品種となった。さらにタキイ種苗は、一九六四年（昭和三十九年）に「夏みの早生1号」と「夏みの早生2号」、一九七〇年（昭和四十五年）には「夏みの早生3号」を商品化する。特に土壌病害の萎黄《いおう》病抵抗性を有する「夏みの早生3号」は、ダイコンを長く栽培し続けたことによる連作障害が発生し耕作放棄された地域で、再度ダイコン生産を可能にした。この社会貢献とその意義は大きい。「耐病総太り」以前から、タキイ種苗は着々とF1品種によるゲームチェンジを進めていたのである。

復活した亀戸大根

江戸一番の野菜の産地といえば、葛飾郡砂村新田《すなむらしんでん》（現江東区《こうとう》南砂《みなみすな》）である。この砂村新田から亀戸にかけては、もともと河口近くの湿地帯であったが、食料増産のために開拓されて肥沃な耕地に変わっていった。こうしてこの地域では、全国各地から江戸に持ち込まれた様々な野菜が生産されるようになった。江戸では、年貢として調達でき保存もきく米は足りていたものの、生鮮野菜が圧倒的に不足していたためである。

加えてこのあたりは、寛文年間（一六六一―七三）に篤農家の松本久四郎が、生ゴミの発酵熱を利用した加温促成栽培技術を発明したと伝えられる地域でもある。松本久四郎は三月にキュウリ、ナス、インゲンなどを収穫し、初物を将軍家に献上していたほど。新鮮な野菜を一年中供給することが、どれだけ求められていたかがわかる。

JR総武《そうぶ》線亀戸駅から明治通りを北に向かって約一〇分歩くと、亀戸香取《かとり》神社に着く。多くのスポーツ選手が必勝祈願に訪れる境内には、亀戸大根をかたどった石碑がある。なぜかといえば、亀戸大根は文久年間（一八六一―六四）から香取神社周辺で栽培されていた在来種だからだ。

亀戸香取神社の少し手前には、亀戸大根料理専門店の亀戸升本《ますもと》がある。その入口では、竹ざるに乗せられた真っ白で小ぶりなダイコンが、真っ先に客を迎えてくれる。長さ約三〇センチメートル、重さ約二〇〇グラム、もっとも太い部分は五～六センチメートル、金時にんじんサイズのこれが、亀戸大根だ。亀戸升本では様々な亀戸大根料理が提供される。驚かされるのは食感の違いだ。とてもひとつの品種だけで作られたとは思えない。

このように、いまでこそわたしたちは亀戸大根を一年中当たり前のように味わえるが、亀戸大根は一度絶滅しかかった品種なのである。

亀戸大根のもうひとつの特徴は、冬に種子を播き、春に収穫する春ダイコンだということ。すでに述べたように、ダイコンの多くの品種は秋冬ダイコンであり、かつて主力品種であった練馬大根も出回る時期は、秋から冬にかけてであった。一方で亀戸大根は新鮮なダイコンが手に入りづらくなる時期に出荷されることから、新鮮な大根葉とともに江戸っ子にとって特別な存在だったというわけである。このような作型が可能となったのは品種の力だけではなく、東京湾に近い亀戸の気温が、練馬などの内陸よりも暖かかったためだ。

明治時代に入ると、この地域で栽培される品種はおかめ大根やお多福大根と呼ばれるようになり、さらに栽培が盛んになった。亀戸大根の名が一般的になったのは、大正初期である。荒川《あらかわ》をはさんだ北東側の葛飾では、明治の終わりまで別の在来種を栽培していたが、その後亀戸大根に切り替わり、大正初期に生産の最盛期を迎えた。

亀戸周辺に話を戻すと、一九六〇年（昭和三十五年）ごろまではまだ、亀戸大根ばかりが栽培されていた。それどころか川岸で雑草化しているほどだったという。

だがほどなく、亀戸周辺でも他のダイコン産地と同じように「春蒔みの早生」に切り替わっていった。同じ栽培面積でありながら、重さで五倍以上の収量になるのだから、生産者にとって亀戸大根を作り続ける理由はない。加えて急激に都市開発が進んだこともあり、一九六七—六八年（昭和四十二—四十三年）には亀戸で亀戸大根が見られなくなった。

亀戸大根の復活には二人の人物が立役者となった。亀戸升本の代表取締役である塚本光伸と葛飾区柴又《しばまた》の生産者鈴木藤一だ。

一九七二年（昭和四十七年）ごろに、塚本は姉とともに亀戸大根を守り、再び皆に親しまれる存在にしようと決意する。自らが経営する料理店のメニューに亀戸大根を取り入れただけに終わらず、亀戸大根料理専門店への転換を図ったのである。

そうはいっても、亀戸大根は春にしか調達することはできない。亀戸大根料理専門店を作るためには、年間を通じた供給体制を自ら構築しなければならなかった。

塚本はこう語る。

「亀戸を全国に発信しようにも、地元にはポテンシャルのあるものが他に何もなかった。亀戸大根に賭けた理由はこれだけ。何よりありがたかったのは、鈴木さんが柴又で純粋な亀戸大根を守り残してくれていたこと。いまがあるのはすべて鈴木さんのおかげ。わたしは貴重な品種を絶やさないためというよりも、土地の文化を大切に守り続けたいという気持ちのほうが強かったね。亀戸大根は料理の仕方次第で色々な表情を見せる。昔の人が亀戸大根を愛したのは、この特徴をよく知っていたからだろうね」

店頭に飾られている亀戸大根は、やはり看板娘だったのだ。周年供給体制を整えるまでの経緯を尋ねると、塚本はこう答えた。

「それは苦労したよ。葛飾産ではどう頑張っても一〇月下旬から四月までが限界。だから五～六月は群馬、栃木、七～九月は北海道、一〇月は埼玉というように、リレー栽培している。だいたい他の産地には、亀戸大根を作ったことのある生産者などいない。それをすべて鈴木さんが指導してくださった」

塚本は安定供給のために自ら種子を生産するとともに、独自の仕組みを築き上げた。象徴的なのが、生産者からの全量買い上げを前提とした前払い制である。

「誰かの犠牲のうえに成り立っているようなビジネスは、長続きしない。ダイコンではおそらく、うちが一番高く買い上げているんじゃないかな」

亀戸升本は、江戸の食文化をただ守っているだけではなかった。

カイワレ大根

亀戸大根の祖先は大阪四十日大根だとされるが、カイワレ大根に使われる品種こそがこの大阪四十日大根である。夏ダイコンに分類される大阪四十日大根は、遺伝的にもともと種子が大きくなる特徴があり、双葉が大きくなるためだ。

カイワレは、本来は貝割れと書く。東京帝国大学教授の松村任三《まつむらじんぞう》が一九〇二年（明治三十五年）に著した『植物の形態』の一節を紹介しよう。そこには、「二枚あるタネバを一名カヒワリともいふ。そは蛤《はまぐり》の如《ごと》き貝を割れば、両方に同じ形のものが出来るところより名け（マヽ）たものであらうと思ふ」と書かれている。

この通りカイワレは本来、発芽して子葉が展開した状態のダイコンだけに対しての呼び名ではない。人気のブロッコリーや赤キャベツのスプラウトも、もちろんカイワレである。

しら露も一粒づつやかゐわり菜

一七八六年（天明六年）に出版された『諸九尼句集《しょきゅうにくしゅう》』の一句である。貝割れは秋の季語であり、古くから使われていた。

大根の二葉うれしや秋の風

これは一八〇三年（享和三年）の小林一茶の句である。二万超の俳句を残した一茶だが、なぜか貝割菜を用いた句を残していない。

次に紹介するのは一八九二年（明治二十五年）の正岡子規の句である。

少しづゝ洗ひ減すやかいわり菜

いまのように土や砂を洗い流す必要がなくなったのは、一九八〇年代に入ってパック包装の商品が流通し始めてからである。ミツカン酢のテレビＣＭをきっかけにして一大カイワレブームが起きたのは、一九八八年（昭和六十三年）。お笑いコンビとんねるずが夫婦に扮《ふん》した「土曜日は手巻きの日」のＣＭである。これを機にカイワレ生産に参入した会社もたくさんあった。

ところが一九九六年（平成八年）に突如としてカイワレは売れなくなる。大阪府堺《さかい》市で起き、児童三名が亡くなった学校給食による集団食中毒事件の影響である。厚生省に、病原性大腸菌Ｏ－１５７の汚染源はカイワレ大根の可能性がある、と発表されたせいだ。最終的に原因は特定されなかったにもかかわらず、この発表により多くのカイワレ生産会社が廃業に追い込まれたのである。

根を食べないダイコン

カイワレ大根は例外として、ダイコンは根の収穫を目的とする作物である。それにもかかわらず、根ではなく葉を目的とする品種がある。宮城県加美《かみ》郡加美町小瀬《こぜ》地区で作り続けられてきた小瀬菜大根だ。小瀬菜大根の場合、お目当ては八〇センチメートルを軽く超え、時に一メートルにまで伸びる葉のほうなのだ。念のために補足すると、小瀬菜大根の名の由来は小瀬菜

＋大根ではなく、小瀬＋菜大根である。

これほどまでに葉が伸びるのは世界でも小瀬菜大根ただひとつ。知名度では大いに水をあけられているが、桜島大根と守口大根と並んで特異的な進化を遂げた品種だといえる。

これだけではない。小瀬菜大根は極めて育種的価値の高い品種なのである。

ダイコンでは、F1品種を作る際に母親に雄性不稔《ゆうせいふねん》の系統を用いる。雄性不稔とは花粉を作らない形質のことで、花粉が出る前におしべを取り除く除雄《じょゆう》という作業がいらず、より安く品質のよいF1種子を生産することができる。小瀬菜大根は遺伝的に、花粉を作らない雄性不稔の個体が多く出現する性質を持っているのである。ブリーダーはこの性質を色々なタイプのダイコンに取り入れて、F1品種の母親を育成しているというわけだ。

第7章　ワサビ——家康が惚れ込み世界に広がった和の辛味

ワサビは数少ない日本原産の野菜であるとともに、日本オリジナルのスパイスである。世界的な和食ブームを追い風にして、ねりわさび等の加工わさびの消費も拡大している。いまやワサビの辛味は、世界中でなくてはならない風味となった。

国内に目を向ければ、根茎の生産量では、静岡県が全国の四一・二％を占めて第一位（平成二十八年特用林産基礎資料）。さらに産出額では七八％と他県を圧倒している（平成二十九年生産農業所得統計）。

二〇一八年（平成三十年）三月には、「静岡県わさび栽培地域」が、国連食糧農業機関（FAO）が認定する世界農業遺産にも認定された。

日本各地の渓谷に自生する多年草であるワサビは、室町時代から用途が広がった。その後、どのようにして山菜採りの対象から栽培される作物に変わっていったのであろうか。

ワサビの学名

かつてワサビの学名は、*Wasabia japonica* Matsum. であった。属名の *Wasabia* が示す通り、ワサビがその食文化とともに日本独特の植物であることを示している。

Wasabia という属名を新設した人物は、一五〇以上の新種を発見し、多くの植物に学名を与えた松村任三である。命名者を示す Matsum. は Matsumura の略なのだ。東京帝国大学理学部植物学科教授であった松村がワサビに学名を与えたのは、一八九九年（明治三十二年）。そのときの学名は、*Wasabia pungens* Matsum. であった。*Wasabia* に込められた思いは、日本人なら誰にでも想像できよう。種小名の *pungens* のほうは、「先がとがった」を意味する。

松村がこの学名を *Wasabia japonica* に変えたのは、一九一二年（明治四十五年）である。一八六五年にオランダの医師であり植物分類学者であったフリードリッヒ・ミクエルが、先にワサビを *Lunaria japonica* と命名していたことがわかったためだ。ミクエルは日本から持ち込まれたワサビの植物標本をもとに、ヨーロッパに自生している *Lunaria* 属と同じ属に分類していたのである。

松村はワサビが *Lunaria* 属に入れられるのはおかしいことに気づき、*Wasabia* という新しい属名を残しつつ、種小名は *pungens* から *japonica* に変更した。学名には、先に名づけた命名者が用いた種小名をそのまま引き継ぐというルールがあるためである。

「かつて」と記したように、現在 *Wasabia japonica* Matsum. は正式な学名として認められていない。国際植物命名規約（現国際藻類・菌類・植物命名規約）で定められた学名は、*Eutrema japonicum*（Miq.）Koidz. なのである。約四〇〇万年前から日本列島に存在し、日本だけにしか自生していない固有種の表記を、*Wasabia japonica* とし続けたい気持ちはわたしにもあるが、サイエンスのルールをないがしろにするわけにはいかない。

一方で、現在の学名である *Eutrema japonicum*（Miq.）Koidz. に変更された経緯についても述べなければならない。この学名は一九三〇年（昭和五年）に、松村の弟子小泉源一《こいずみげんいち》によってつけられた。のちに植物分類地理学会の創設者となった小泉源一は、ワサビは新属に分類するのではなく、一八二三年にイギリス人植物学者ロバート・ブラウンが属名を立てた *Eutrema* に含まれるべきと考えたためである。ブラウンは花粉観察の過程で発見した不思議な現象について論文を書き、ブラウン運動としてその名を残している。

この後、牧野富太郎《まきのとみたろう》がシーボルトが作った標本を根拠に *Wasabia wasabi* と命名するなど、*Wasabia* 属とするか *Eutrema* 属とするかは長く意見が分かれた時代もあったが、*Eutrema* 属で落ち着いた。

松村任三が学名を与えた植物のなかでもっとも有名なのは、「ソメイヨシノ」の *Prunus yedoensis* Matsum. だ。こちらはワサビよりも早い一八九七年（明治三十年）に発表された。東京帝国大学附属小石川《こいしかわ》植物園に園長職が設けられ、松村が初代園長を兼務した年の業績である。種小名 *yedoensis* には、江戸上駒込《かみこまごめ》村染井《そめい》（現豊島《としま》区駒込）で発見された史実と松村の思いが込められている。

ワサビ栽培のはじまり

ワサビ栽培が始まった場所は、日本屈指の清流である安倍川《あべかわ》の上流、静岡県静岡市葵《あおい》区有《う》東木《とうぎ》だとされる。有東木は静岡駅から安倍川沿いに三〇キロメートル遡った、東岸の山中にある集落である。安倍川から分かれてくねくねした坂道をしばらくのぼれば、町内会が運営する食堂兼直売所「うつろぎ」の前に出る。そこでは「わさび栽培発祥の地」の石碑が、まるで集落全体の表札であるかのように、訪問者を迎えてくれる。

標高約六〇〇メートル、木々に覆われた山肌の斜面に位置する集落は、耕作放棄された茶畑もあいまって、天狗《てんぐ》伝説を語られても納得してしまう雰囲気だ。

見上げれば東側には険しい峰が南北に連なっている。それもそのはず、有東木はフォッサマグナの西端、糸魚川《いといがわ》―静岡構造線上に位置しているためだ。すぐに気づくこの地の特徴は、とにかく沢が多く水量が豊富であること。水温は年中一二～一三度で一定だという。これはワサビにとって理想の温度だ。さらに真夏の平均気温も、二〇度を少々超える程度で済む。わさび田は、この環境を活かして標高約六〇〇メートルから一〇〇〇メートルを超える地域にまで、大小様々、無数に造られている。

この地でワサビが初めて栽培されたのは、慶長年間（一五九六―一六一五）の前半である。

近くの渓谷に自生していたワサビを、誰かが集落の中心の湧水池に植えてみたのがはじまりだそうだ。その湧水池は井戸頭《いどがしら》といい、いまでも当時と変わらない豊かな水量を保っている。

手はじめにワサビを植えてみるとしたらここしかないという場所だ。村中の関心を集めたに違いない。いないその株は、はたして野生状態よりもはるかに立派に育ったのである。

こうなれば次の展開は見えている。有東木の人々は、誰彼ということなく思い思いの場所にワサビを植え、徐々に栽培面積を広げていったのだろう。

有東木のワサビが世に知られたのは、一六〇七年（慶長十二年）七月のこと。駿府《すんぷ》城に隠居していた徳川家康に献上したところ、門外不出の御法度品に定められてしまったのである。安倍川下流東岸に建てられていた駿府城には、他にはない栽培ものが他のどの産地よりも早く届けられるのだから、有東木の栽培ワサビは見た目も味もとび抜けていたに違いない。

ところが現代では、同じ県内に有東木よりもはるかに有名な産地がある。それは伊豆《いず》市だ。伊豆天城《あまぎ》の湯ヶ島《ゆがしま》でワサビ栽培が始まるのは、有東木よりも一三〇年以上も遅い一七四四年（延享《えんきょう》元年）であった。伝えたのは板垣勘四郎《いたがきかんしろう》である。勘四郎は、三島《みしま》代官斎藤喜六郎の命令でシイタケ栽培の師と称して有東木に入り込んだ、と『上狩野《かみかの》村誌』に記録されている。勘四郎に課せられた使命は、ワサビの栽培技術と苗の入手であった。まさに産業スパイそのものだ。

有東木でシイタケ栽培の指導をするかたわら、ワサビ栽培のコツをつかんだ勘四郎であったが、苗のほうは伊豆に戻る日になってもまだ手に入れられなかった。ここで映画『007』のようなシーンが登場する。

恋仲になった有東木の娘が、別れ際に勘四郎に差し出した弁当箱にワサビ苗が入っていた、という物語がいまに語り継がれている。

こうしてワサビの栽培技術は各地に広まっていった。この他島根県では一七三六年（元文元年）から、山梨県では一七八〇年（安永《あんえい》九年）ごろから栽培は始まっていたとされるものの、生産といえるレベルになった時期は明治以降の話なのである。

徳川幕府の直轄地である伊豆天城で栽培されたワサビは、伊東《いとう》港から江戸まで一日で届けられたと、『豆州《ずしゅう》志稿』に記されている。天城がワサビ栽培に適した環境であったことに加えて、江戸への便のよさが、伊豆のワサビを特産品として発展させた大きな要因であった。

室町時代から魚の臭み消しに使われてきたワサビは、江戸後期ともなると少しずつ世に知られていく。御法度品ではあったものの、一七八九年（天明九年）ごろからは一般に出回るようになった。

栽培以前のワサビ

ワサビについて記された最古の書物は、平安時代中期九一八年（延喜十八年）の『本草和名』、次いで九二七年（延長五年）の『延喜式』である。前者には葉がアオイに似ているために山葵の字があてられたという理由と、深山幽谷で採れることが記されている。また、『本草和名』

は日本最古の薬物事典であることから、ワサビの最初の用途は薬だったといえる。

『延喜式』にはより具体的な記載があり、若狭《わかさ》、越前、丹後《たんご》、但馬《たじま》、因幡《いなば》、飛騨《ひだ》から租税として都に献上されていたとある。静岡県を示す地域の名がない点に注目したい。すなわち野生ワサビの産地としては、静岡県はまだ世に知られる存在ではなかった。

室町時代中期一四八九年（長享《ちょうきょう》三年）に書かれた『四条流庖丁書《しじょうりゅうほうちょうしょ》』は、公家《くげ》の料理書である。四条流は日本料理の料理法と作法の代表的な流派であり、日本料理・包丁の祖といわれる四条藤原政朝《まさとも》によって始められた。この『四条流庖丁書』には、鯉《こい》の刺身には山葵酢が合い、鯛《たい》には生姜《しょうが》酢だと記されている。

ワサビの辛味を引き立てるのに欠かせないわさびおろしのほうも、室町時代末期にはすでに存在していた。江戸時代一七一二年（正徳《しょうとく》二年）の『和漢三才図会』第三十一巻「庖厨具」に銅のおろし金を使った蘁擦《わさびおろし》のイラストを見ることができる。

ワサビをきめ細かくおろすのには、鮫皮《さめがわ》のわさびおろしが一番だとよくいわれる。こちらは鮫皮で作った木材の表面加工用のやすりを応用して、江戸時代に使われ始めた。

伊豆での栽培化を契機にワサビの利用場面は広がり、日本の食文化を担う存在となったのである。

蕎麦とわさびの出合い

エスビー食品は二〇一三年（平成二十五年）に年越しそばについてのアンケートをとっている。日本を東日本、中部、西日本の三地域に分け、二八〇名から回答を得たものだ。この中に、冷たいそばの薬味の好みを尋ねる設問があり、その結果がなかなか興味深い。

いずれの地域でも、一位はきざみねぎで二位がわさびだったのである。大根おろしは東日本で四位、中部で三位、西日本でランク外となっており、意外に思う人も多そうだ。

蕎麦の薬味にワサビが使われるようになったのは、江戸時代中期の後半、一八世紀中ごろだとされる。きっかけは、醬油が安く手に入るようになり、めんつゆにかつおだしを使うのが一般的になったことによる。それ以前は、蕎麦は味噌ベースのたれをつけて食べるものであった。

醬油を使った初期のめんつゆは、醬油に水と酒を加えて煮たてたものだったが、すぐにかつおだしを加えためんつゆが広まっていく。ところが、かつおだしのめんつゆには欠点があった。うま味が増した半面で、生臭みが感じられるようになってしまったのである。

そこで重宝されるようになったのが、臭みを気にならなくしてくれる辛味ダイコンの大根おろしであった。『蕎麦全書』には、わさびについても記されている。

「わさびは辛味ダイコンがない時にしぼり汁の代わりにする。普段は使わない。これも好み。ダイコンよりわさびを好む人もいる。梅干しはいまはあまり使う人はいない」

そう、ワサビは辛味ダイコンが手に入らない夏場の代用品から始まり、蕎麦の薬味としての地位をここまで高めてきたというわけなのである。

寿司とワサビの出合いが気になる人もいるだろう。その時期は、蕎麦に後れること八十年あまりといったところだ。時は文化年間、押しずし（箱ずし）の鯖《さば》の生臭みを消すために使ったのが最初らしい。

加工わさび

加工わさびとは、ワサビをねりわさび等に加工した製品をさす。高級食材で日持ちのしないワサビの根茎に対して、一般家庭で手軽に使える保存期間の長い調味料という言い方もできる。

加工わさびは、粉わさび、ねりわさび、おろしわさびの三種類に分けられ、それぞれの原料はおおまかに次のようになっている。

粉わさびは乾燥ホースラディッシュを主原料としたもの、ねりわさびは乾燥ホースラディッシュと乾燥ワサビを主原料とし色々な副原料を混ぜたもの、おろしわさびは生ワサビと生ホースラディッシュを主原料として冷凍冷蔵流通させるものが主力商品だ（二〇一〇年日本加工わさび協会調査）。

粉わさびの発明

寿司とワサビが出合ったのは江戸時代であったが、寿司にワサビが欠かせなくなるのは、明治維新以降であった。これには次の二つのブレークスルーが大きく影響している。栽培ワサビの増産と粉わさびの発明である。

特にワサビを食す習慣のなかった地域でも、わさび味が親しまれるようになったのは、粉わさびのおかげだといえる。

この大発明を成し遂げた人物は、農業のかたわら製茶の仲買もしていた小長谷与七である。時代が明治から大正に変わったころ、小長谷与七は売り物にならない規格外のワサビの活用方法を思いつく。それは保存のきく乾燥粉末への加工であった。与七は抹茶の製法からヒントを得て、天日干ししたワサビを石臼で挽《ひ》いて粉にしてみたのである。粉わさびの原型はこの瞬間に誕生した。

与七の新製品は、ワサビを使いたい料理人たちにすぐに受け入れられたという。チルド流通などできない時代の話である。鮮度のよい旬のワサビを手に入れられる料理人は限られていた。ましてや寒さと暑さで成長が遅くなる時期に辛味が増すワサビは、春と秋には水っぽい味になってしまう。たとえ産地に近くとも、旬の味はせいぜい半年程度しか提供できなかったのである。

ただ一方で、その味に与七自身は満足していなかったはずだ。いまのような食品加工技術も保存技術もなかった当時の話である。与七の粉ワサビは、香りも辛味も本物のワサビには遠く及ばなかったに違いない。

一九二三年（大正十二年）ごろ、与七はついに納得のいく粉わさびを創り出す。成功の秘訣《ひけつ》は、ワサビダイコン（ホースラディッシュ）にあった。乾燥させてもワサビよりも辛味と香りが残るワサビダイコンを使うことで、味をより本物のワサビに近づけられたのと同時に、価格を下げることにも成功したのである。はたしてこの粉わさびは大ヒット商品となり、昭和初期にはワサビダイコンを用いた粉わさび生産を始める者が大勢現れた。

ワサビとワサビダイコンの違い

日本加工わさび協会では、「本わさび使用」と「本わさび入り」の表示の違いを、自主基準で定めている。それによると、「本わさび使用」は本わさびの使用量が五〇％以上の商品で、「本わさび入り」は五〇％未満の商品だという。本わさびはワサビをさし、本わさび以外の原材料はワサビダイコンだと考えてかまわない。逆に本わさびの表記がなければ、ワサビは一切使われていないという意味だ。

ワサビダイコンは、ローストビーフの薬味に使われるホースラディッシュの正式な日本語名で、西洋わさび、レフォール、山わさびとも呼ばれる。東ヨーロッパ原産の多年草であるワサビダイコンは、西暦一世紀にはすでに、ローマ帝国で香辛料として使われていた。その後一三世紀にドイツに伝わって、魚料理や肉料理のソースに用いられるようになった。『朝日百科植物の世界』によると、日本への導入は一八七三年（明治六年）でアメリカからである。

またワサビダイコンはワサビと同じアブラナ科ではあるが、学名は、*Armoracia rusticana* であり、属レベルで異なる。したがって姿かたちもワサビとは大きく異なっている。ワサビダイコンの名の通り、地中にダイコンのように主根を三〇センチメートル以上伸ばす。地上部の草丈は一メートルを超すほどで、ワサビとは見た目からして大違いである。さらにワサビよりもずっと丈夫で、根の収量も多い。

すりおろされて薬味になった姿を比べても、ワサビの落ち着いた緑色に対してくすんだ白と、違いは一目瞭然だ。

それなのにワサビダイコンが代用植物として重宝がられた理由は、二つある。まずは生産コストが安い点。もうひとつが、ワサビの辛味の主成分であるアリルイソチオシアネートをワサビと同程度含み、ワサビに似た香りもする点である。

ワサビの辛味成分は、シニグリンという物質である。このシニグリン自体には辛味はなく、空気中の酸素に触れると、細胞内に存在しているミロシナーゼという酵素が働いてアリルイソチオシアネートを生じる。アリルイソチオシアネートは揮発性ではあるが、すりおろしてよくじってみても、辛味や目への刺激はあまり感じられない。ワサビの根茎をそのままかじってみても、辛味をあまり感じられないのはこのためだ。これはまた、ワサビには大根おろしではなく、より細胞を細かく破砕できる鮫皮おろしを使う理由でもある。

逆にワサビダイコンの欠点は、グリーンノートと呼ばれる、ワサビ特有のみずみずしくさわやかで青々した香り成分を含んでいない点だ。グリーンノートの四つの香気成分のうち、ワサビダイコンにはさわやか系の三つの香りがほとんどないうえに、ワサビにはないカブの匂いがする。これがワサビの代用品として考えた場合に、ワサビダイコンにもの足りなさを感じる原因となる。

太平洋戦争の混乱期をはさむものの、この前後におきた粉ワサビの需要の高まりに応えるために、ワサビ加工業者がこぞってワサビダイコンを主原料に使うのは自然な流れであった。

ねりわさびの革新性

ねりわさびが初めて商品化されたのは一九七一年（昭和四十六年）、名古屋の金印《きんじるし》わさびによってである。このときの容器は小袋であった。いまも家庭用の刺身を買うと添えられているあれに近い商品だ。

現在のトップメーカーはエスビー食品で、そのシェアは約六割を占める。一九七二年（昭和四十七年）、エスビー食品は日本初の常温タイプのチューブ入りねりわさびを発売。ハミガキと同じように初期のチューブはアルミ製であり、最後まで絞り出しにくかったり、折れ目から中身が飛び出てきたりして、欠点も目についた。当時を知る人なら、昨日のことのように記憶がよみがえるはずだ。

ねりわさびの容器がアルミチューブからラミネートチューブに進化したのは、ハミガキとほぼ同じ一九八四年（昭和五十九年）であった。さらにいまのような中身が見える透明チューブに切り替わったのは、一九八九年（平成元年）である。

ねりわさび最大の利便性は、粉わさびと異なり、水に溶く手間がいらず、必要な分だけをすぐに使え、数ヶ月間辛味が持つ点にある。ねりわさびは粉わさびの不満点を解消し、消費者の潜在ニーズを満たす大発明であった。だが先ほども述べたように、安価な粉わさびは依然としてワサビダイコンによって造られており、ねりわさびにしても、昭和の終わりまでは、ワサビダイコンを主原料として、からし粉を混ぜ、緑色に着色したものがほとんどを占めていた。

そこでエスビー食品は、一九八七年（昭和六十二年）に本わさびを使用したプレミアム商品「本生おろしわさび」を発売し、バブル経済、グルメブームを追い風に大ヒット商品にする。この後「本生おろしわさび」は、「本生生わさび」、「本生本わさび」と名前を変えつつ、本物のワサビに近づけるべく改良を積み重ねられてきた。

なお「本生本わさび」は、主原料をワサビ一〇〇%に変更した際につけられた商品名である。これだけではない。「本生本わさび」の香りの分析結果は、すりおろした生鮮のワサビと成分およびそのバランスがほぼ同じなのである。ただし本わさび一〇〇%であっても、根茎だけが使われているわけではない。葉柄もかなりの量が使用されているからだ。

市場全体の傾向としては、国内ではねりわさびの主原料にワサビが多く使われるように変わってきている。また同時に、副原料として当たり前に使われてきた香料、着色料、でん粉、塩分等の使用量も減らされているのである。

わさび離れという危機と対応策

しょうが、にんにく、からし、梅肉、柚子胡椒《ゆずこしょう》、最近ではきざみ青じそ、きざみパクチーにきざみゆずまで、チューブ入りスパイスは種類が豊富になった。

チューブ入りスパイス販売量の第一位はわさびで、二位はしょうが、続いてにんにくとからしがほぼ同率で並んでいる。しかしいまのままでは、数年以内にわさびはしょうがにトップの座を奪われてしまう可能性がある。なぜなら停滞が続くわさびに対して、しょうがは増え続けているからだ。日本のオリジナルスパイスであるわさびは、いま大きな危機に直面している。

原因のひとつが魚離れである。国民一人当たりの魚介類供給純食料を見てみよう。供給純食料とは、人間の消費に直接利用可能な形態に換算した量で、通常食されない部分を除いた量を表すため、実際の消費量ともみなせる。

この魚介類供給純食料が、二〇〇一年（平成十三年）の四〇・二キログラムから二〇一七年には二四・四キログラムまで減少している（平成二十九年度農林水産省食料需給表）。一六年間で六〇・七%になってしまったのである。特に刺身を食べなくなっていることが、わさび消費の落ち込みに直結している。

一方で肉類は三一・九キログラムから四九・六キログラムと、同じ期間に一五五・五%に増加している。肉類の消費量が魚介類を抜いたのは、二〇一一年（平成二十三年）だ。肉好きが増えた原因には、魚の寄生虫であるアニサキスによる食中毒のニュースも影響している。

特に若者のわさび離れは大方の予想を超えているはずだ。若者の魚離れが特に著しいことに加えて、寿司のある変化が端的に表している。

さび抜きの標準化である。気がつけば、スーパーのお寿司にしても回転寿司にしても、いつの間にかわさびは別添えが当たり前になってきている。これは決して幼児向けの配慮というわけではない。

昭和生まれには信じられない調査結果を紹介しよう。エスビー食品が発表した、わさび嫌いの十五～二十九歳の男女二〇三名へのアンケートで、「わさびは素材の味を台無しにするものですか？」に「はい」と答えた人が、七三％もいたのである。これだけではない。「わさび嫌いを公言している」は七四・四％に達する。さらに、「やむなくわさびを食べたことがあるシチュエーションを選んでください」で、「目上の人との食事」が三六・五％となったのは納得できるものの、この回答のトップは「何があっても食べない」の五一・二％だったのだ（二〇一六年エスビー食品およびコミュニケーションデザイン調査結果）。

昨今の若者のわさび離れが増加してきていることに対して、エスビー食品は肉にわさびという食シーンを新提案する。二〇一二年（平成二十四年）発売の「本生きざみわさび」は、茎のシャキシャキとした食感を楽しめるだけでなく、あえて辛さをひかえめにした商品だったのである。パッケージにはレアな牛ステーキの写真とともに、「辛さ控えめ」と明記されていた。

真妻

ワサビで世に広く名を知られた品種はただひとつ、「真妻《まづま》」だけだ。極上ものとして料理人と食通に珍重された「真妻」は、マンガ『美味しんぼ』やテレビ番組「料理の鉄人」が盛り上げた空前のグルメブームによって、一般にもその名を知られるようになった。

「真妻」は品種改良を目的とした交配はおろか、タネから育てた数多くの個体の中からの選抜すらしていない。山に生えていた野生のままの一株なのである。

「真妻」が歴史に登場したのは、一八八八年（明治二十一年）。場所は和歌山県日高《ひだか》郡真妻村（現日高郡印南《いなみ》町川又《かわまた》）であった。真妻村で栽培が始まったためにこの名がついたのは明らかだが、どこで発見されたかは不明であり、東の奈良県吉野《よしの》郡十津川《とつかわ》村から来たという説もある。

いずれにせよ、醬油のふるさと湯浅町から二〇キロメートルしか離れていない土地に「真妻」が出現したことを知ると、「運命的な出会い」という言葉が浮かび、つい感情が動いてしまう。

「真妻」が特別な品種として認知されるようになったのは、一九五五年（昭和三十年）ごろに村議会議員がワサビ栽培を奨励してからだ。印南町はその後昭和四十年代にかけて、全国でも六～七位の産地にまで発展したのである。だが現在は、四七都道府県中三六あるワサビ生産県の中で和歌山県は二六位にすぎない。一番の原因は環境変化だ。絶えてしまった「真妻」の産地を再生する取り組みが始まっているものの、気温上昇の影響を受けて、復活の条件は厳しくなるばかりである。

ともあれ、伊豆天城の産地で「真妻」が栽培されるようになったのは、一九六一年（昭和三十六年）からと、発見から七〇年以上も経ってからであった。

静岡県沼津《ぬまづ》市で駿河《するが》湾に注ぐ狩野《かの》川は、天城山を水源として伊豆半島を北に流れる。上流はワサビの一大産地である。狩野川台風と呼ばれる一九五八年（昭和三十三年）の台風二二号は、狩野川流域で大災害を起こし、伊豆地方だけで一〇〇〇人を超す死者を出した。このとき、中伊豆のわさび田は約八割が破壊された。

当時、伊豆では中伊豆町（現伊豆市）の農家が発見した「ダルマ」とその派生品種であるダルマ系が多く栽培されていた。産地復興を進める中で、天城の生産者は印南町を訪問し、「真妻」に賭けることを決意する。はたしてこの決断が、中伊豆を「真妻」の適地として飛躍させたのである。「真妻」本来の特性を発揮できなくなる退化（後述）の問題も、その組織培養で増やしたウイルスフリーのメリクロン苗を本格導入することでカバーしてきた。

だが現在では、「真妻」の産地といえば御殿場《ごてんば》市に変わってしまっている。全国わさび品評会で、御殿場産「真妻」が連続して優秀な成績を収めているためだ。「真妻」は他の品種よりも生育が遅く養分を多く必要とするために、中伊豆でも上田《じょうでん》と呼ばれる限られた一等地のわさび田でしか育てられなかった。それなのに御殿場では、数十年かけて富士山から浸《し》み出てくるミネラル分の多い伏流水のおかげで、高品質かつ安定生産が可能になったのである。

ワサビの品種改良

ワサビほどブリーダー泣かせの品目はない。

栽培ワサビは赤茎系と青茎系の大きく二種類に大別される。赤茎系は青茎系よりも辛味が強い傾向があり、赤茎系は「真妻」が代表で、青茎系はダルマ系が代表だ。生産量自体は、青茎系のほうがずっと多い。

ワサビの育種についいては、この程度でほぼ説明が済んでしまうほど品種改良が進んでいない。これはワサビ栽培が、「おらがわさび」を育て続けることで成り立ってきた歴史的背景による。つまり付近に自生していた野生のワサビをわさび田に移植し、育ちのよい個体を株分けしたり、それらについた種子から育てた苗を用いることで、儲けてこられたのである。在来種という言葉でひとくくりにされてしまう無数の「おらがわさび」の存在が、全国的な品種の登場を阻んできたというわけだ。

言い換えると品種の力以上に、わさび田の造り方と維持管理方法までを含む栽培技術の進歩によって、産業が発展してきたのである。ワサビ自体にも問題がある。特徴的なのは、おそらく農作物の中でもっとも環境変化に敏感な点だ。同じ品種、系統であっても、すぐ隣のわさび田ではなぜかうまく育たない。これが常識なのがワサビ生産であり、どのわさび田でどの「おらがわさび」が立派に育つのかを最短期間で見極められるかどうかが、生産者の腕の良し悪《あ》しに直結しているのである。

あらためて和歌山の在来種である「真妻」が、どれだけ偉大な存在なのかがわかってこよう。

「真妻」以外にワサビ産業に大きく貢献した品種といえば、「島根3号」とダルマ系になる。

ワサビ栽培でもっとも注意しなければならないのは軟腐病《なんぷびょう》という、根茎に発生し、ついには株を腐らす細菌による伝染病である。

「島根3号」は、一九四二年（昭和十七年）に命名された島根県農業試験場（現農業技術センター）の品種であり、初の軟腐病耐性品種であった。これは公的機関における最初の大きな成果である。「島根3号」は、「半原《はんばら》」と県内在来種が自然交雑してできた種子を育てた中から選抜された。

「半原」は神奈川県北部、丹沢山地の山中で発見された。もともとは名もなき在来種のひとつにすぎない。発見者は愛川村《あいかわ》（現愛甲《あいこう》郡愛川町半原）でワサビ栽培を始めたばかりの染矢《そめや》九一《くいち》で、時期は明治中ごろである。「半原」と名づけられ注目されるようになったのは、どんな作物であれ、生産量がある程度にまで増えると必ず起きる現象によってである。それはいまでもワサビの重要病害となっている軟腐病の蔓延であった。このときに思いがけず、「半原」が軟腐病に罹《かか》りにくいことがわかったのである。

「半原」が神奈川県から主要産地に持ち込まれたのは、自然な流れであった。中伊豆には一九〇六年（明治三十九年）ごろ軟腐病で壊滅状態になった際に、導入された。この地で「半原」はさらに重要な役割を演じる。細めの根茎が特徴の「半原」が、根茎が太くなる突然変異を起こし、「伊沢だるま」をはじめとするダルマ系の祖先になったのだ。その後ダルマ系は、静岡県各地の主力品種になるばかりでなく、全国に広がった。染矢の功績はもっと知られてよい。

ワサビの交雑育種が初めて行われたのは、一九六一年（昭和三十六年）。その場所は、伊豆山中の湯ヶ島にある静岡県農業試験場わさび分場（現静岡県農林技術研究所伊豆農業研究センター）であった。県独自で品種改良を始めるきっかけは、市場価値を高めてきた長野県産ワサビに対する危機感からであった。

一九三四年（昭和九年）に開設された山葵研究所を前身とするわさび分場は、国内唯一のワサビ専門研究拠点としてワサビ生産に貢献し続けてきている。特に、病虫害対策と無病苗供給体制を確立し、使用できる農薬がほとんどないというワサビならではの難しさへの解決策を示してきた功績は大きい。

育種については、一九七三年（昭和四十八年）に品種登録された「ふじだるま」が、その成果である。県内外から多くの在来種を収集し、これらを用いて何世代も種子を播いて育てたなかから、一〇年をかけて開発した品種であった。「ふじだるま」は品質と収量がともに優れ、あまり条件のよくないわさび田でもこの特性を発揮できたことから、主力品種になった。また一九九一年（平成三年）には、根茎が「ふじだるま」よりも太い「あまぎみどり」を育成している。「あまぎみどり」は、ダルマ系の「小沢だるま」を母親とし、「真妻」を父親とする。

そもそもワサビの品種改良は、生産者が放任して採れたタネを播き、そこからよい個体を選ぶ選抜育種しか行われてこなかった。あくまでもその生産者その家だけの経験則による「おらが理論」で、「おらがわさび」が見出されてきたにすぎない。伊豆農業研究センターにしても、ある程度の法則性を持って理論構築したのは最近の話なのである。

「伊づま」はそんな農業研究センターが、二〇一七年（平成二十九年）に品種登録した新品種である。生育が早く一二～一八ヶ月の栽培期間で出荷が可能だという触れ込みで、県内生産者の期待を集めた。読めば気になる品種名は、伊豆と真妻を合体させたのであろう。赤茎系の品種でもあるし、マーケティングから見ても「真妻」ブランドにあやかるのは悪くない手に思える。ただこの「伊づま」にしても、育成地の環境に近い中伊豆の筏《いかだ》場地区、それも標高の低い場所でしか本領を発揮できていない。たしかに「伊づま」が抜群の成績を収める地域もあるのだが、土地の好き嫌いが激しいワサビの性質を変えるところまでは、成功したとはいえない。農業研究センターでは、短期的にはひとつの品種で県内産地をカバーするのではなく、産地ごとに別の品種を提供することで課題解決しようとしている。

わさびの門前

ここでいったん話の舞台をワサビの栽培が始まった有東木に戻そう。有東木ですら、ワサビ栽培が本格化したのは太平洋戦争後なのである。高品質な茶葉が採れる環境でもあるため、ワサビと茶の複合経営農家が多い。

外部からの品種導入については、一九二八―二九年（昭和三―四年）に神奈川県から「半原」が入ったのが最初である。一九三五年（昭和十年）ごろに選抜された「安倍だるま」は、「半原」からの突然変異株。続いて一九三七年（昭和十二年）ごろには遠州地方から「みどり」や「薄紫」が入ってきて、一九五六年（昭和三十一年）ごろからは種子繁殖で苗を増やすようにもなった。「真妻」の導入は、一九五八年（昭和三十三年）ごろである。

有東木の集落を見守ってきた東雲寺《とううんじ》の隣には、㈱わさびの門前を経営する四〇〇年続くワサビの生産者がいる。先祖から受け継いだわさび田を守り続けているのは、十七代目当主の白鳥《しらとり》義彦《よしひこ》だ。祖父は徒歩で片道六時間かかる山梨県側にも、わさび田を拓いてくれたのだそうだ。これほど遠い場所でも一回背負ってくれれば、平均的な月給が稼げたという。

白鳥は自ら有東木わさびの歴史を発信しながら、静岡産わさびの広報マンも買って出ている。「とにかくワサビは土地を選ぶんです。わたしは一〇ヶ所にわさび田を持っていますが、どこでも育つ品種は存在しません。小さな沢の対岸ですら育ちに大きな差が出るほど。だからつねに品種を探し続けるとともに、自分でもたくさんタネを播いて、うちだけの品種を三～五種類つねに生産できるようにしています。他の産地で評判のよい品種も試作していますが、満足できるレベルには育たないことがほとんどですね。県が育成した「伊づま」だって、有東木には向きません。「ふじだるま」や「島根3号」は昔はうまく育ったけど、もうだめ。「真妻」も三〇年前まではすごい品種でしたが、いまはとても栽培する気にはなれない。クローン苗とはいえ徐々に性質が変わっているのか、環境の変化のせいなのか、かつてと同じようには育たないんです。二〇～三〇年前はひとつの品種が一〇年ぐらいはもったのに。いまでは長く作り続けられる品種はありません。こう考えるとやはり地球温暖化の影響が大きいのかもしれません」

自分の栽培環境で代々タネを取り続け、そこでもっとも優れた個体を選抜し、量産に移行させているワサビ生産者は、やはりブリーダーでもある。

別れ際に、白鳥にとっての理想のワサビについて尋ねてみた。

はたしてその答えは、消費者が食べ比べて味の違いを楽しめるような品種をつくり「真妻」みたいなブランドにしたい、であった。

有東木では、国内、海外ともに引き合いが多いためワサビの生産量が増えている。後継者の心配もないそう。白鳥も以前は茶葉を生産していたが、いまはワサビ一筋だ。

安曇野のワサビ

根茎だけでなく葉柄の生産量までを合わせれば、日本におけるワサビの生産量ナンバーワンは、静岡県から長野県に変わる。

北アルプスに抱かれた安曇野《あづみの》のわさび田は、信州のガイドブックに欠かせない光景だ。この独特の景観は、安曇野が黒沢川《くろさわがわ》や烏川《からすがわ》などによって造られたいくつもの扇状地《せんじょうち》が重なって並ぶ、複合扇状地という全国的にも珍しい地形だからこそ生まれた。

水無川となって地下に消えた北アルプスの雪解け水は、もっとも低い土地の安曇野で湧水として湧き出る。豊かな伏流水こそが、深山幽谷でしか育たなかったワサビの平地での栽培を可能にしたのだ。

わさび田が多いのは安曇野市のうち、かつての豊科町《とよしなまち》と穂高町《ほたかまち》だが、かつてはワサビはほとんど栽培されておらず、ナシの産地であった。ただもともと地下水位が高い土地であり、ナシを栽培するにも梨畑の周りに排水溝を掘る必要があった。

ワサビ栽培のはじまりは明治初期。望月八十八《いさと》、山崎代作らがこの排水溝に野生のワサビを植えてみて、思いのほかうまく育ったことがきっかけである。その後、安曇野でワサビ栽培が増え始めたのは一九〇七年（明治四十年）ごろであった。ナシよりもワサビのほうが儲かることがわかったからである。さらに一九〇二年（明治三十五年）の篠ノ井《しののい》線開通、一九〇六年（明治三十九年）の中央本線開通、一九一五年（大正四年）の信濃鉄道（大糸線《おおいと》）開通によって、東京への出荷ルートが作られたことが大きい。これに呼応するようにわさび田は増え続け、逆に梨畑は大正末期にはほとんど姿を消してしまった。

一見順調に増えていったように思える安曇野のワサビ生産だが、決してそのようなことはない。一九二三年（大正十二年）の関東大震災前までは、伊豆山葵と静岡山葵しか本場もののワサビと認められず、他の産地のワサビには安い価格しかつかなかったのである。大正末期になってさえも、このような形でまだ徳川家の威光は残っていた。

では長野県産のワサビは買い叩かれただけだったのかというと、わざわざ静岡県の卸業者を経由させて、静岡山葵のラベルを貼って出荷されるようなことも行われていた。いまなら明らかな産地偽装である。

ところが天は長野県のワサビ農家に味方した。関東大震災により、主要産地であった伊豆が壊滅的ダメージを受けたおかげで、ワサビの価格が跳ね上がったのである。これを機に、安曇野では水田までもがわさび田に転換されていき、あの景観が造りあげられていった。

大王わさび農場

安曇野随一の観光スポットとして知られる大王《だいおう》わさび農場は、約一五ヘクタールにも達する日本一広いわさび園でもある。何の予備知識もなく園内を散策すれば、目の前に広がる田園風景に、古きよき時代の山村のイメージを重ねてしまう。しかし実際には、大正から昭和にかけて人工的に作られた光景なのだ。

そもそも標高五三〇メートルのこの土地は、砂利ばかりの未開の原野であった。風景を一変させた人物の名は、深沢勇市《ふかさわゆういち》という。一九一五年（大正四年）、深沢は湧き水が豊富な犀川《さいがわ》河畔のこの土地に、巨大なわさび田開墾を決意する。きっかけは、前年の台風によって起きた安

2018年（平成30年）			
県	根茎	葉柄	計
長野県	213.7トン	575.3トン	789.0トン
静岡県	244.8トン	88.6トン	333.4トン

2006年（平成18年）			
県	根茎	葉柄	計
長野県	552.0トン	1288.0トン	1840.0トン
静岡県	312.6トン	795.8トン	1108.4トン

図表26　2018年と2006年の水わさびの生産量比較

倍川大水害の被害を知ったためだとされる。広いわさび田を造るためには、まとまった土地を手に入れなければならない。土地をほとんど持っていなかった深沢は、地権者三〇〇人以上を説得し二一七軒の承諾を得て、二年後の一九一七年（大正六年）に開墾にこぎつける。以来二〇年に及ぶ土木工事の結果、一九三五年（昭和十年）に大王農場を完成させたのである。

山中であれ平地であれ、わさび田造成には田畑を拓く以上の苦難がつきまとう。澄み切った水に育つワサビの姿を眺めるように、わさび田の構造にも関心を向けたいものだ。

同じ品種であっても、安曇野のワサビは静岡のワサビよりも粘り気が少ない。おそらくわさび田の構造の違いによる、水の流れの差が影響しているのだと思われる。

長野県の水わさびの生産量について気になること

がある。水わさびとは、清流が注ぎ込むわさび田で栽培されるワサビのことをいう。二〇〇六年（平成十八年）の一八四〇トンをピークに半減してしまっているのだ。特に収益性の高い根茎の落ち込みは、地下水の減少と水温の上昇により、栽培が難しくなったことが原因だとされる。

静岡県と長野県に次ぐ産地

静岡県、長野県に次ぐ全国第三位の水わさびの産地は、東京都である。にわかには信じ難いかもしれないが、事実なのだ。奥多摩が江戸時代後期からの産地であったことは、『新編武蔵風土記稿』や『武蔵名勝図会』に記されている。最盛期は明治末期から大正時代にかけてであった。ただ三位とはいっても、根茎の生産量は一〇・〇トンと二位の長野県の約二四分の一にすぎない。

続く第四位は岩手県で、樹林の陰で土に植えて育てる畑わさびの根茎も含めれば、全国三位になる。さらに葉柄の生産量は四五〇・四トンと、一位の長野県の五八〇・五トンにひけをとらないばかりか、三位静岡県の二二一・九トンに大差をつけるほどの、ワサビ生産県である。葉柄に限れば、その量は全国生産量の半分を超えるほどなのだ。おもな産地は北上《きたかみ》山地の東部に位置し、龍泉洞《りゅうせんどう》で知られる岩泉町《いわいずみちょう》にある。

もうひとつ忘れてならない産地は島根県だ。水わさびの根茎では、栃木県に続く六位になってしまってはいるものの、島根県はかつて「東の静岡、西の島根」と称えられたほどの大産地であった。一八一八年（文政元年）に始まったワサビ栽培は匹見《ひきみ》（益田市《ますだし》）を中心に発展し、耐病性品種「島根3号」を生み出したのである。

糸魚川の建設会社が起こしたイノベーション

ワサビ栽培の常識が変わりつつある。それだけではない。どうもワサビそのものに対する見方までも変えなければならないようだ。ことの発端は新潟県糸魚川市で起きた。

日本最大のヒスイの産地として知られる糸魚川市は、八四％が山で平地は一六％しかない。地域資源は、ミネラル分の多い豊かな水だ。長野県北安曇郡白馬《はくば》村から流れる姫川《ひめかわ》を筆頭に、大小合わせて一七本もの川が直接日本海に注ぐのである。それなのに糸魚川という名の川は存在しない。

それはさておき、まずはワサビの常識が覆されたロケーションについて紹介したい。現場は、大小の丸い石が積もってできたどこにでもある河川敷。河口までは五〇〇メートルしかない。標高は一〇メートルに届かず、夏は暑く、冬は雪が積もる。どこから見てもワサビ栽培に適した場所ではない。

この地でワサビ生産を軌道に乗せたのが、市内で三代続く建設会社の社長、渋谷一正《しぶやかずまさ》だ。渋谷は農業についてはまったくの素人であり、ワサビも初めて育ててみたにすぎない。このような人物が、腕利きのワサビ生産者が言葉を失うほどの水わさびを、短期間かつ独自の方法で北陸随一の生産量を誇るまでにしてみせたのである。

そのきっかけは、ヒスイ以外にこれといった名物のない糸魚川市の地域創生プロジェクトで、渋谷自身がワサビを提案した日に遡る。

渋谷の発想は単純だった。新潟県にしても富山県にしても、よい水に恵まれているのに何でワサビを生産しないのだろうか。きれいな水を必要として単価の高い作物といえばワサビしかない。糸魚川には山がもたらす森林、森林からの名水、名水が作る米、豊富な海の幸がある。ワサビさえあれば、これらの地域資源を結び付けられるだけでなく、大きな相乗効果が期待できるではないか。

だが、ワサビで町おこしという渋谷の提案は、採択されずに終わる。諦めきれない渋谷は、ひとりでアイディアを形にすべく、先ほどの土地を借りて実行に移す。

「まあ、周りはみんな大反対。賛同してくれる人なんて誰もいなかった。社員だって社長に対してだから口に出せなかっただけで、本心では止《や》めさせたかったはず。いま思えば植物の栽培技術を後回しにして、ハード面の環境づくりから考えたのが幸運だった。知らないことが強みになるというのは本当だね。気がついたらワサビでイノベーションを起こしていた」

一面に砂利が敷かれたパイプハウスの中で、一株一株の株元に向けて塩ビ管に開けられた穴から一筋の水流が砂利に吸い込まれていく。そこに育っているのは、見たこともない姿のワサビの大株。一株から一本の根茎を収穫するのが普通なのに、ここでは一株から五〜七本の根茎が伸びている。収量は平均してLサイズが四本だという。これがずらっと全面にである。しかもすべてが、セリにかけられることなく豊洲《とよす》市場などに一万円／キログラム前後で出荷される「真妻」なのである。

視察に来た天城のワサビ農家の口から出たのは、「すげーな」の一言だったそうだ。

誰も知らなかったワサビの潜在能力

商売ベースに乗せることに強くこだわっていた渋谷は、はじめから高品質かつ周年出荷可能な施設園芸を狙った。しかし低地でのパイプハウスは真夏に五〇度近くまで上がる。普通ならやらずに諦めて当然の条件だが、渋谷は自ら苗に湧き水をかけ流す栽培方法を試してみた。そして室温は高くても、水温さえ低ければワサビの栽培は可能だということを発見したのだ。

二〇〇六年（平成十八年）にはパイプハウス三棟に規模を拡大し、自信を深める。本格生産に移そうと翌年は増設を計画したが、想定外の壁に阻まれる。湧き水の使用を断られてしまったのである。理由は、水田への農業用水確保に支障をきたすからであった。

諦めきれない渋谷は、ワサビ用に自分で井戸を掘った。二〇〇八年（平成二十年）にハウス内に配管し、湧き水から井戸水に切り替えてみたら、プラスの要因ばかりが見えてきたのだ。真夏に水温が一九度にまであがった湧き水では発生を抑えられなかった軟腐病が出なくなった。

理由は、水温が一四度で安定したうえに水量も安定したためである。

「うちでも当然出荷に適さない規格外品ができます。これらは加工用の原料に回して、付加価値をつけて販売します。ここでも思いがけない幸運に恵まれました」

こういいながら渋谷は、「真妻」一〇〇%を謳った粉わさびを目の前で練ってくれた。落ち着いた緑色からくる目への強い刺激とこれぞワサビという香り。舌が痛いほどのインパクトがありながらもさっとひく辛味、入れ替わるように感じられてくるほのかな甘味。「真妻」を粉わさびにしてしまうとは。

「真妻で粉わさびを作ってみてわかったことがあります。香りも味も色も二時間もつんです。これは普通のワサビでは無理。粘り気のある真妻だからの特性だと思います。じつは安いお寿司もワサビを変えれば味が変わるんですよ」

ワサビ栽培に適した井戸水さえ確保できる場所であれば、誰もがすぐにワサビ農家として収益をあげられる。渋谷建設が特許化した「省エネわさび栽培プラント」は、われわれの農業に対する思い込みすら破壊する可能性を秘めている。渋谷は自分が素人だったからイノベーションを起こせたと笑うが、もはやレボリューション、ワサビ革命だ。

同じ新潟県の柏崎《かしわざき》市では、海の見える観光ワサビ園、石地《いしじ》わさび園が渋谷建設のシステムを導入して二〇一三年（平成二十五年）にオープンした。この他高知県四万十《しまんと》市でも建設が進んでいる。

糸魚川―静岡構造線の南端の有東木で栽培が始まったワサビは、奇《く》しくも北の起点で新世代の栽培技術により、四〇〇年の時を経てさらなる潜在能力を発揮し始めているのである。

三好アグリテックのメリクロン苗

渋谷建設が開発したシステムによる超効率「真妻」生産は、ある特殊な苗を使っているからこそ可能となっている。それがメリクロン苗だ。

メリクロン苗とは組織培養で増やされたクローン苗のこと。優れた特性を持つ個体でなおかつウイルスに罹っていない株の芽を、無菌状態で増殖する技術である。身近なところでは、コチョウランやシンビジウムなどの洋ランで実用化されている。また、サツマイモ苗やイチゴ苗の生産用の母株にもメリクロン苗が用いられている。日本で苗が生産されることはわずかだが、バナナも同様だ。

ワサビのメリクロン苗生産会社としては、三好《みよし》アグリテックが最大手である。渋谷建設も全量三好アグリテックから購入している。前身のミヨシがワサビの組織培養の技術開発に着手したのは、一九七九年（昭和五十四年）秋、創業者三好靱男《ゆきお》の決断であった。各地で栽培されている「真妻」が、以前と同じような特性を発揮できなくなり、生産の先行きが危ぶまれたからである。原因は、栄養繁殖性の品種でいわれる退化という状態が起きていたためであった。退化は、長い間株分けを繰り返すことによる病原菌汚染やウイルス汚染、人間にとって都合の悪い方向への突然変異に起因する。

三好靱男の目には、これが新規事業と文化遺産保護を同時に実現できるビジネスチャンスに映ったのであろう。伊豆の花関係の顧客を介して本物の「真妻」を手に入れてメリクロン苗の開発に乗り出し、一九八五年（昭和六十年）に発売にいたった。

当初なかなか進まなかった産地普及も、天城湯ヶ島山葵組合が導入したことで、一九九〇年（平成二年）から加速する。根茎を黒く変色させ商品価値を失わせる、重要病害墨入病《すみいりびょう》のリスクを大幅に減らすという、メリクロン苗ならではの効果が明らかになったことも、普及を後押しした。

こうなるとワサビの培養苗ビジネスへの新規参入が相つぐ展開が待っている。結果は大方の予想通りで、無理な受注合戦と価格競争が起き、数と品質両面で供給責任を果たせず、組織培養苗の市場は混乱し、メリクロン苗自体の信用まで下がる事態となった。ミヨシはといえば、培養苗生産工場を台湾に移転したり、販売苗の規格を工夫するなどして、勝ち残ったのである。

ミヨシグループを率いる三代目社長三好正一《せいいち》はこう語る。

「優れた品種を絶やさないことは、ワサビ文化を継承する解決策のひとつです。ただ難しいのは、メリクロン苗だからといって、どのわさび田でも特徴を発揮できるわけではありません。せっかく高い苗を買っていただいても、現状では儲けられる生産者は限定されています」

おいしいワサビとは、辛味の中にしっかり甘味が感じられるものだとよくいわれる。世界各国を飛び回っている三好には、祖父とは異なる未来が見えているようだ。

「外国人はたいていワサビの甘味を感じられません。けれどもフランス人とベルギー人は、日本人と同じ舌を持っています。ヨーロッパでは和食に合うワインとして甲州ワインの認知度が徐々に高まってきましたよね。これと同じように、加工わさびや海外産のワサビの他に、本物のワサビすなわち高品質な根茎も必要とされ始めています」

事実、現地産の根茎よりも日本から輸入したワサビのほうがおいしいことに気づいた料理関係者は増えてきているそうで、日本産ワサビの価値が見直されているのだ。それと符合するかのように、ミヨシのメリクロン苗の海外販売量は伸びが止まっているのだという。

三好に、品種改良が進んでいるとはいえないワサビの将来性についても尋ねてみた。

「ワサビビジネスの将来像は、コーヒー業界にたとえるとわかりやすいでしょう。コーヒーのカテゴリーは、缶コーヒー、インスタントコーヒー、レギュラーコーヒー、自家焙煎《ばいせん》にこだわる専門店のコーヒーの四つに分けられます。これをワサビに当てはめると、缶コーヒーはホースラディッシュを使った加工わさび、インスタントコーヒーは本わさび一〇〇％の加工わさびとなり、レギュラーコーヒーは種子系の根茎、専門店のコーヒーはメリクロン苗由来の根茎に相当します。コンビニコーヒーの台頭を見れば、本物でありながらリーズナブルな種子系のワサビの需要が高まっていくと想定されます。将来はここに切り込んでいきたいですね」

ユリはその原種のほとんどが日本原産でありながら、ヨーロッパのブリーダーの手によって改良され、生産技術とともに世界中に広まった。ワサビ産業は日本人の手でリードし続けたい。

山葵文化の守り人

メダカ（ミナミメダカ）は日本原産であり、日本の動物学の発展を支えてきた日本オリジナルの実験動物でもある。一九九四年（平成六年）に向井千秋《むかいちあき》宇宙飛行士と一緒にスペースシャトルで宇宙に行ったのも、単に身体が小さいという理由だけではない。

かつては身近にいて当たり前の存在であったメダカも、一九八〇年代の環境破壊と外来生物の繁殖によって減少し続け、一九九九年（平成十一年）に絶滅危惧種に指定された。これに先立ち、東京大学は一九八五年度（昭和六十年度）からメダカの系統保存事業を始めていた。千葉県にある柏キャンパスには、日本全国約一〇〇ヶ所の野生メダカの保存飼育施設があり、遺伝資源保存を担っている。

ワサビもまたメダカをなぞるかのように、年々危険な状態に追い詰められている。それなのにワサビそのものを研究している日本人は少ない。そんな中で「わさび応援隊」隊長を名乗っているのが、岐阜大学の山根京子《やまねきょうこ》准教授だ。

山根准教授の研究テーマは幅広い。まずは、日本各地に自生するワサビの個体保存である。日本全国の自生地を調査し基礎データを収集、遺伝資源が絶えないように小さな研究室で組織培養苗の形で遺伝資源バンクを管理している。岐阜大学応用生物科学部植物遺伝育種学研究室は、ワサビの個体保存を行っている世界唯一の施設なのである。こうしなければならないほどワサビを取り巻く環境は厳しい。人の手による環境保全がなされなくなったり、乱開発による自生地の消失、シカによる食害、新たな害虫の蔓延、気温上昇……。絶滅危惧種にはまだ指定されていないものの、五つの県でレッドデータブック入りしてきている。

また、山根は中国に自生する近縁種シンユサイ *Eutrema yunnanense* とワサビが約四〇〇万年前に分化したことをDNA解析によって明らかにし、ワサビが日本固有の植物であると明確に裏づけた。

文化地理学としての研究も並行し、ワサビの文化的中心地は山陰《さんいん》地方と安曇野を含む北陸地方にあるとした。論拠は、ワサビとの距離感すなわちワサビを珍しい植物だと感じるかどうかを問うた現地での聞き取り調査だ。この地域はワサビを珍しくないとする人が多く、逆に伊豆地方ではワサビは珍しい植物だととらえていた。

さらに二〇一七年（平成二十九年）には、現代日本における若者の辛味嗜好性の調査結果を発表し、女子高生では有意にワサビ嫌いが多いことを明らかにした。

この他、石川県白山《はくさん》市白峰《しらみね》地区の在来種であるモチワサビが、他の品種にはない固有のDNA配列を有する貴重種であることを発見している。

「真妻」を超える品種を育成する鍵は、このモチワサビが持っているのかもしれない。

おわりに

わたしの専門分野は観賞用の花である。そんなわたしに本書を著すという使命感のタネが、いったいいつ播かれたのかを、最後に振り返ってみたい。

思い起こすと、園芸家の柳生真吾《やぎゅうしんご》さんが立ち上げた「ジョン・レノンと黄色い花」プロジェクトに参画したときだったようだ。

その目的は、ジョン・レノンのアルバム『ダブル・ファンタジー』と「ファンタジー」という品種名の八重咲きのフリージアとの間に、何らかのつながりがあったのかどうかを解き明かすことであった。われわれは、フリージアの「ファンタジー」がジョン・レノンにインスピレーションを与えたのではないかという仮説を立てていたからだ。

結果はというと、当時の状況証拠を積み上げてこの仮説の確からしさを検証し、ダブルが八重咲きを意味する英単語であることと合わせて、『ダブル・ファンタジー』のタイトルの謎は解くことができた。ただ肝心の幻の品種「ファンタジー」のほうは発見できずに終わってしまったのである。

一世を風靡した世界的な銘品種「ファンタジー」ですら、改良品種の登場によって文字通り行方知れずとなり、気がつけば写真にその姿をとどめるだけの存在となっていたのだ。わたしにとっては、「歴史のひだに埋もれる」とはこういうことかと、痛感した出来事であった。品種は生物であっても消耗品。人々の記憶に頼っていては、簡単に忘れ去られてしまう。ひとたびそうなれば、後世の者は知りたくても真実にはたどりつきようがない。せめて物語として、世代を超えて伝えていくことの意義に気づいたというわけだ。

わたしはプロのブリーダーとして、二三年間開発競争の真っ只中にいた。先駆者はつねに孤独である。いつ何時ライバルに出し抜かれるかもしれないという恐怖感、身体の中心がカラカラになり、内部から全身が引っ張られるような感覚は、開発チーム内でもなかなか共有しにくい。

バブル経済と時を同じくして起きた植物バイオブーム。これ以降、農学系の研究者はバイオテクノロジーを謳える研究しかできなくなった。それまで大学には農業や園芸の歴史について代々研究し、その成果を広く一般に伝える研究者が大勢いたのに、その伝統が途絶えてしまったのである。

「気づいたときにはもう手遅れ」は、「ファンタジー」探しで思い知らされた。たとえ実物が絶えても、物語は残すことができる。だとしたら、すぐに動くのみだ。

よくよく考えてみると、品種改良と本づくりは似ている。提供価値を明確にしたうえで情報をかけ合わせた後に、不必要な情報をそぎ落として成立するからである。そもそも、あらかじめ一定数量以上が売れる見込みを示せなければ、商品として世に問うことすらできない点も同じだ。

両方を経験してみて気づいた一番大きな違いは、執筆には育種でまれに起きる偶然の幸運が起こり得ないことであった。

育種の方向性についてわたしがいつも真っ先に意見を求めたあの人なら、本書に対してどのような感想を聞かせてくれるだろうか。この本を、どんなときもわたしの味方であり同志、人生の師であり兄であった群馬県桐生《きりゅう》市の花苗生産者、故桒原市郎《くわはらいちろう》さんに捧げます。

十年史』タキイ種苗，2016年
中尾佐助『料理の起源』吉川弘文館，2012年

第7章

日本加工わさび協会『加工わさびのQ＆A』日本加工わさび協会，2000年
村本喜代作『小長谷才次伝』小長谷菊太，1964年
静岡県経済産業部農業局農芸振興課編『静岡県野菜園芸の生産と流通——野菜白書・わさび白書』静岡県経済産業部農業局農芸振興課，2018年
産業編集センター編『知って楽しいわさび旅』産業編集センター，2017年
飯野亮一『すし　天ぷら　蕎麦　うなぎ——江戸四大名物食の誕生』ちくま学芸文庫，2016年
吉野昇雄『鮓・鮨・すし——すしの事典』旭屋出版，1990年
長久保片雲『世界的植物学者松村任三の生涯』暁印書館，1997年
大場秀章編『日本植物研究の歴史——小石川植物園300年の歩み』東京大学総合研究博物館，1996年
星谷佳功『ワサビ——栽培から加工・売り方まで』農山漁村文化協会，1996年
ハウス食品工業株式会社『わさび讃歌』ハウス食品工業，1988年
木苗直秀・小嶋操・古郡三千代『ワサビのすべて——日本古来の香辛料を科学する』学会出版センター，2006年
長谷川嘉成・鵜飼優慈・村田充良『わさび博物誌——栽培・歴史から疾病予防効果まで、あらゆる「知」にわさびパワーを読み解く』金印，2004年

山田実『作物の一代雑種――ヘテロシスの科学とその周辺』養賢堂，2007年
農山漁村文化協会編『地域食材大百科　第2巻（野菜）』農山漁村文化協会，2010年
大井美知男・市川健夫『地域を照らす伝統作物――信州の伝統野菜・穀物と山の幸』川辺書林，2011年
前田安彦・宮尾茂雄編『漬物の機能と科学』朝倉書店，2014年
日本人が作りだした動植物企画委員会編『日本人が作りだした動植物――品種改良物語』裳華房，1996年
青葉高『日本の野菜――青葉高著作選Ⅰ』八坂書房，2000年
青葉高『日本の野菜文化史事典』八坂書房，2013年
銀河書房編『野沢菜――おはづけ』銀河書房，1990年
青葉高『野菜――在来品種の系譜』法政大学出版局，1981年
渡辺正一編著『野菜の採種技術』富民協会出版部，1960年

第6章

盛永俊太郎・安田健編著『江戸時代中期における諸藩の農作物――享保・元文諸国物産帳から』日本農業研究所，1986年
東京農業大学・NPO法人「良い食材を伝える会」監修『考える大根――大根読本』東京農業大学出版会，2005年
高嶋四郎『京野菜』淡交社，1982年
久松達央『キレイゴトぬきの農業論』新潮新書，2013年
日新舎友蕎子著，新島繁校注，藤村和夫訳解『現代語訳　蕎麦全書伝』ハート出版，2006年
中尾佐助『栽培植物の世界』中央公論社，1976年
大場秀章『サラダ野菜の植物史』新潮社，2004年
松村任三『植物の形態』大日本図書，1902年
社史編纂室編『タネの歩み』タキイ種苗，1990年
阿部希望『伝統野菜をつくった人々――「種子屋」の近代史』農山漁村文化協会，2015年
宮崎安貞『日本農書全集　第12巻　農業全書巻1－5』農山漁村文化協会，1978年
西山市三編著『日本の大根』日本学術振興会，1958年
N. I. ヴァヴィロフ著，木原記念横浜生命科学振興財団監訳『ヴァヴィロフの資源植物探索紀行』八坂書房，1992年
タキイ種苗百八十年史編纂委員会編『一粒のタネ――タキイ種苗百八

が生まれるまで』農山漁村文化協会，2012年
「ふじ60周年記念誌」編集委員会編『リンゴふじの60年』「ふじ60周年記念誌」刊行会，2000年
斎藤康司著，神田健策編『りんごを拓いた人々』筑波書房，1996年

第４章

菊池一徳『大豆産業の歩み——その輝ける軌跡』光琳，1994年
喜多村啓介他編『大豆のすべて』サイエンスフォーラム，2010年
阿部利徳『ダダチャマメ——おいしさの秘密と栽培』農山漁村文化協会，2008年
小畑弘己『タネをまく縄文人——最新科学が覆す農耕の起源』吉川弘文館，2015年
兵庫県丹波黒振興協議会編『丹波黒大豆物語』神戸新聞総合出版センター，2014年
農文協編『地域食材大百科第１巻　穀類・いも・豆類・種実』農山漁村文化協会，2010年
山形在来作物研究会編『どこかの畑の片すみで——在来作物はやまがたの文化財』山形大学出版会，2007年
芦澤正和監修，タキイ種苗株式会社出版部編『都道府県別地方野菜大全』農山漁村文化協会，2002年
林玲子・天野雅敏編『日本の味　醬油の歴史』吉川弘文館，2005年
河原信三『入宋覚心』古今書院，1959年
青葉高『北国の野菜風土誌』東北出版企画，1976年
土屋武彦『豆の育種のマメな話』北海道協同組合通信社，2000年
渡邊敦光監修『味噌大全——歴史　製造法　健康効果　レシピ：日本の伝統文化として誇る味噌のすべてがここに』東京堂出版，2018年
佐藤洋一郎監修，木村栄美編『ユーラシア農耕史第４巻　さまざまな栽培植物と農耕文化』臨川書店，2009年
海妻矩彦・喜多村啓介・酒井真次編『わが国における食用マメ類の研究』農業技術研究機構中央農業総合研究センター，2003年
寺島良安，島田勇雄・竹島淳夫・樋口元巳訳注『和漢三才図会　18』平凡社，1991年

第５章

高野泰吉編著『園芸の世紀２　野菜をつくる』八坂書房，1995年
野口勲・関野幸生『固定種野菜の種と育て方』創森社，2012年

松戸覚之助『実験応用　梨樹栽培新書』東京興農園，1906年
中津攸子作・東輝子絵『ぜんろくさん――市川ではじめて梨を作った人』中津攸子，1990年
テオフラストス著，大槻真一郎・月川和雄訳『テオフラストス植物誌』八坂書房，1988年
鳥取県『梨の来た道――アジア浪漫紀行』鳥取県立鳥取二十世紀梨記念館，2001年
阿部源太夫他著，佐藤常雄他編『日本農書全集　第46巻　特産２　梨栄造育秘鑑・他』農山漁村文化協会，1994年
西尾敏彦『農業技術を創った人たち』家の光協会，1998年
鵜飼保雄・大澤良編『品種改良の日本史――作物と日本人の歴史物語』悠書館，2013年

第３章

波多江久吉，斎藤康司編『青森県りんご百年史』青森県りんご百年記念事業会，1977年
間苧谷徹『果樹園芸博物学』養賢堂，2005年
斎藤義政『果物通』四六書院，1930年
齋藤義政『くだもの百科　復刻版』飛鳥出版，2005年
富士田金輔『ケプロンの教えと現術生徒――北海道農業の近代化をめざして』北海道出版企画センター，2006年
島善鄰『実験リンゴの研究』養賢堂，1931年
花巻新渡戸記念館編『島善鄰――りんごの恩人』花巻新渡戸記念館，1993年
農林水産省農林水産技術会議事務局昭和農業技術発達史編纂委員会編『昭和農業技術発達史　第５巻　果樹作編・野菜作編』農林水産技術情報協会，1997年
斎藤康司『津軽りんごの精神史』道標社，1977年
NHK プロジェクト X 制作班編『プロジェクト X 挑戦者たち（21）――成功へ退路なき決断』NHK 出版，2004年
北海道果樹百年史編集委員編『北海道果樹百年史』北海道果樹百年事業会，1973年
マイケル・ポーラン著，西田佐知子訳『欲望の植物誌――人をあやつる４つの植物』八坂書房，2012年
佐藤弥六編『林檎図解』恵愛堂，1893年
富士田金輔『リンゴの歩んだ道――明治から現代へ、世界の“ふじ”

主要参考文献

序章／第１章

村上直『江戸幕府の代官群像』同成社，1997年

和田斉『近世の救荒食糧施策』人文閣，1943年

いも類振興会編『ジャガイモ事典』いも類振興会，2012年

山本紀夫『ジャガイモのきた道――文明・飢饉・戦争』岩波新書，2008年

浅間和夫『ジャガイモ43話』北海道新聞社，1978年

ルーサー・バーバンク著，中村為治訳『植物の育成』（全８巻）岩波文庫，1955－62年

日本農芸化学会編『世界を制覇した植物たち――神が与えたスーパーファミリーソラナム』学会出版センター，1997年

館和夫『新版 男爵薯の父　川田龍吉伝』北海道新聞社，2008年

松永俊男『博物学の欲望――リンネと時代精神』講談社現代新書，1992年

鵜飼保雄・大澤良編著『品種改良の世界史　作物編』悠書館，2010年

明治文献資料刊行会編『明治前期産業発達史資料　第１集　明治七年府県物産表――勧業寮編』明治文献資料刊行会，1959年

エドワード・イーデルソン著，西田美緒子訳『メンデル――遺伝の秘密を探して』大月書店，2008年

農文協編『野菜園芸大百科　12　サツマイモ・ジャガイモ』（第２版）農山漁村文化協会，2004年

西村三郎『リンネとその使徒たち――探検博物学の夜明け』朝日新聞社，1997年

第２章

綿貫喜郎『市川史誌　市川物語――歴史と史跡を尋ねて』飯塚書房，1981年

北川博敏・岩垣功・福田博之『園芸の世紀３　果物をつくる』八坂書房，1995年

頼祺一監修，豊田寛三他著『大蔵永常評伝――豊かなる農村の実現に生涯をかけた農業ジャーナリスト』大分県教育委員会，2002年

菊池秋雄『果樹園芸学』（上下）養賢堂，1948年／1953年

大蔵永常著，土屋喬雄校訂『広益国産考』岩波文庫，1946年

竹下大学（たけした・だいがく）

1965（昭和40）年，東京都生まれ．千葉大学園芸学部卒業後，キリンビールに入社．同社の育種プログラムを立ち上げる（花部門）．All-America Selections 主催「ブリーダーズカップ」初代受賞者（2004年）．技術士（農業部門）．NPO 法人テクノ未来塾会員．現在，一般財団法人食品産業センターに勤務．

著書『どこでも楽しく収穫！　パパの楽ちん菜園』（講談社，2010）
『植物はヒトを操る』（毎日新聞社，いとうせいこう共著，2010）
『東京ディズニーリゾート植物ガイド』（講談社，監修，2016）
ほか

日本《にほん》の品種《ひんしゅ》はすごい
中公新書 2572

2019年12月25日初版
2020年3月20日3版

著　者　竹下大学
発行者　松田陽三

本文印刷　三晃印刷
カバー印刷　大熊整美堂
製　　本　小泉製本

発行所　中央公論新社
〒100-8152
東京都千代田区大手町 1-7-1
電話　販売 03-5299-1730
　　　編集 03-5299-1830
URL http://www.chuko.co.jp/

定価はカバーに表示してあります．落丁本・乱丁本はお手数ですが小社販売部宛にお送りください．送料小社負担にてお取り替えいたします．

本書の無断複製（コピー）は著作権法上での例外を除き禁じられています．また，代行業者等に依頼してスキャンやデジタル化することは，たとえ個人や家庭内の利用を目的とする場合でも著作権法違反です．

©2019 Daigaku TAKESHITA

Published by CHUOKORON-SHINSHA, INC.
Printed in Japan　ISBN978-4-12-102572-2 C1245

中公新書刊行のことば

いまからちょうど五世紀まえ、グーテンベルクが近代印刷術を発明したとき、書物の大量生産は潜在的可能性を獲得し、いまからちょうど一世紀まえ、世界のおもな文明国で義務教育制度が採用されたとき、書物の大量需要の潜在性が形成された。この二つの潜在性がはげしく現実化したのが現代である。

いまや、書物によって視野を拡大し、変りゆく世界に豊かに対応しようとする強い要求を私たちは抑えることができない。この要求にこたえる義務を、今日の書物は背負っている。だが、その義務は、たんに専門的知識の通俗化をはかることによって果たされるものでもなく、通俗的好奇心にうったえて、いたずらに発行部数の巨大さを誇ることによって果たされるものでもない。現代を真摯に生きようとする読者に、真に知るに価いする知識だけを選びだして提供すること、これが中公新書の最大の目標である。

私たちは、知識として錯覚しているものによってしばしば動かされ、裏切られる。私たちは、作為によってあたえられた知識のうえに生きることがあまりに多く、ゆるぎない事実を通して思索することがあまりにすくない。中公新書が、その一貫した特色として自らに課すものは、この事実のみの持つ無条件の説得力を発揮させることである。現代にあらたな意味を投げかけるべく待機している過去の歴史的事実もまた、中公新書によって数多く発掘されるであろう。

中公新書は、現代を自らの眼で見つめようとする、逞しい知的な読者の活力となることを欲している。

一九六二年一一月

中公新書

日本史

d4

- 2107 近現代日本を史料で読む　御厨 貴編
- 2554 日本近現代史講義　山内昌之・細谷雄一編著
- 190 大久保利通　毛利敏彦
- 2011 皇族　小田部雄次
- 1836 華族　小田部雄次
- 2379 元老―近代日本の真の指導者たち　伊藤之雄
- 2492 帝国議会―西洋の衝撃から誕生までの格闘　久保田 哲
- 2528 三条実美《さんじょうさねとみ》　内藤一成
- 840 江藤新平（増訂版）　毛利敏彦
- 2051 伊藤博文　瀧井一博
- 2550 2551 大隈重信（上下）　伊藤之雄
- 2103 谷 干城　小林和幸
- 2212 近代日本の官僚　清水唯一朗
- 2294 明治維新と幕臣　門松秀樹
- 2483 明治の技術官僚　柏原宏紀
- 561 明治六年政変　毛利敏彦
- 1927 西南戦争　小川原正道
- 1584 東北―つくられた異境　河西英通
- 2320 沖縄の殿様　高橋義夫
- 252 ある明治人の記録（改版）　石光真人編著
- 161 秩父事件　井上幸治
- 2270 日清戦争　大谷 正
- 1792 日露戦争史　横手慎二
- 2509 陸奥宗光　佐々木雄一
- 2141 小村寿太郎　片山慶隆
- 881 後藤新平　北岡伸一
- 2393 シベリア出兵　麻田雅文
- 2269 日本鉄道史 幕末・明治篇　老川慶喜
- 2358 日本鉄道史 大正・昭和戦前篇　老川慶喜
- 2530 日本鉄道史 昭和戦後・平成篇　老川慶喜

世界史

- 2050 新・現代歴史学の名著 樺山紘一編著
- 2223 世界史の叡智 本村凌二
- 2253 禁欲のヨーロッパ 佐藤彰一
- 2409 贖罪のヨーロッパ 佐藤彰一
- 2467 剣と清貧のヨーロッパ 佐藤彰一
- 2516 宣教のヨーロッパ 佐藤彰一
- 2567 歴史探究のヨーロッパ 佐藤彰一
- 1045 物語 イタリアの歴史 藤沢道郎
- 1771 物語 イタリアの歴史 II 藤沢道郎
- 2508 貨幣が語る ローマ帝国史 比佐 篤
- 2413 ガリバルディ 藤澤房俊
- 2152 物語 近現代ギリシャの歴史 村田奈々子
- 2440 バルカン―「ヨーロッパの火薬庫」の歴史 M・マゾワー 井上廣美訳
- 1635 物語 スペインの歴史 岩根圀和
- 1750 物語 スペインの歴史 人物篇 岩根圀和
- 1564 物語 カタルーニャの歴史（増補版） 田澤 耕
- 1963 物語 フランス革命 安達正勝
- 2286 マリー・アントワネット 安達正勝
- 2466 ナポレオン時代 A・ホーン 大久保庸子訳
- 2529 ナポレオン四代 野村啓介
- 2027 物語 ストラスブールの歴史 内田日出海
- 2318 2319 物語 イギリスの歴史（上下） 君塚直隆
- 2167 イギリス帝国の歴史 秋田 茂
- 1916 ヴィクトリア女王 君塚直隆
- 1215 物語 アイルランドの歴史 波多野裕造
- 1420 物語 ドイツの歴史 阿部謹也
- 2304 ビスマルク 飯田洋介
- 2490 ヴィルヘルム2世 竹中 亨
- 2546 物語 オーストリアの歴史 山之内克子
- 2434 物語 オランダの歴史 桜田美津夫
- 2279 物語 ベルギーの歴史 松尾秀哉
- 1838 物語 チェコの歴史 薩摩秀登
- 2445 物語 ポーランドの歴史 渡辺克義
- 1131 物語 北欧の歴史 武田龍夫
- 2456 物語 フィンランドの歴史 石野裕子
- 1758 物語 バルト三国の歴史 志摩園子
- 1655 物語 ウクライナの歴史 黒川祐次
- 1042 物語 アメリカの歴史 猿谷 要
- 2209 アメリカ黒人の歴史 上杉 忍
- 1437 物語 ラテン・アメリカの歴史 増田義郎
- 1935 物語 メキシコの歴史 大垣貴志郎
- 1547 物語 オーストラリアの歴史 竹田いさみ
- 2545 物語 ナイジェリアの歴史 島田周平
- 1644 ハワイの歴史と文化 矢口祐人
- 2561 キリスト教と死 指 昭博
- 2442 海賊の世界史 桃井治郎
- 518 刑吏の社会史 阿部謹也
- 2451 トラクターの世界史 藤原辰史
- 2368 第一次世界大戦史 飯倉 章

現代史

f3

27 ワイマル共和国　林 健太郎
478 アドルフ・ヒトラー　村瀬興雄
2553 ヒトラーの時代　池内 紀
2272 ヒトラー演説　高田博行
1943 ホロコースト　芝 健介
2349 ヒトラーに抵抗した人々　對馬達雄
2448 闘う文豪とナチス・ドイツ　池内 紀
2329 ナチスの戦争 1918-1949　R・ベッセル 大山 晶訳
2313 ニュルンベルク裁判　A・ヴァインケ 板橋拓己訳
2266 アデナウアー　板橋拓己
2274 スターリン　横手慎二
530 チャーチル（増補版）　河合秀和
1415 フランス現代史　渡邊啓貴
2356 イタリア現代史　伊藤 武
2221 バチカン近現代史　松本佐保

2538 アジア近現代史　岩崎育夫
2437 中国ナショナリズム　小野寺史郎
1959 韓国現代史　木村 幹
2262 先進国・韓国の憂鬱　大西 裕
1763 アジア冷戦史　下斗米伸夫
1876 インドネシア　水本達也
2143 経済大国インドネシア　佐藤百合
1596 ベトナム戦争　松岡 完
2330 チェ・ゲバラ　伊高浩昭
1664 1665 アメリカの20世紀（上下）　有賀夏紀
1920 ケネディ―「神話」と実像　土田 宏
2140 レーガン　村田晃嗣
2383 ビル・クリントン　西川 賢
2527 大統領とハリウッド　村田晃嗣
1863 性と暴力のアメリカ　鈴木 透
2479 スポーツ国家アメリカ　鈴木 透
2540 食の実験場アメリカ　鈴木 透

2504 アメリカとヨーロッパ　渡邊啓貴
2381 ユダヤとアメリカ　立山良司
2415 トルコ現代史　今井宏平
2163 人種とスポーツ　川島浩平
2578 エリザベス女王　君塚直隆

自然・生物

s1

2305	生物多様性	本川達雄
503	生命を捉えなおす（増補版）	清水　博
1097	生命世界の非対称性	黒田玲子
2414	入門！進化生物学	小原嘉明
2433	すごい進化	鈴木紀之
1972	心の脳科学	坂井克之
1647	言語の脳科学	酒井邦嘉
2390	ヒト―異端のサルの1億年	島　泰三
1709	親指はなぜ太いのか	島　泰三
1087	ゾウの時間　ネズミの時間	本川達雄
2419	ウニはすごい　バッタもすごい	本川達雄
877	カラスはどれほど賢いか	唐沢孝一
2485	カラー版　目からウロコの自然観察	唐沢孝一
1860	昆虫―驚異の微小脳	水波　誠
2539	カラー版　虫や鳥が見ている世界―紫外線写真が明かす生存戦略	浅間　茂
2259	カラー版　スキマの植物図鑑	塚谷裕一
2311	カラー版　スキマの植物の世界	塚谷裕一
1706	ふしぎの植物学	田中　修
1890	雑草のはなし	田中　修
2174	植物はすごい	田中　修
2328	植物はすごい　七不思議篇	田中　修
2491	植物のひみつ	田中　修
2572	日本の品種はすごい	竹下大学
1769	苔の話	秋山弘之
939	発酵	小泉武夫
2408	醤油・味噌・酢はすごい	小泉武夫
348	水と緑と土（改版）	富山和子
1156	日本の米―環境と文化はかく作られた	富山和子
2120	気候変動とエネルギー問題	深井　有
1922	地震の日本史（増補版）	寒川　旭

中公新書

地域・文化・紀行

t 1

285 日本人と日本文化 司馬遼太郎 ドナルド・キーン
605 絵巻物に見る日本庶民生活誌 宮本常一
201 照葉樹林文化 上山春平編
799 沖縄の歴史と文化 外間守善
2298 四国遍路 森 正人
2151 国土と日本人 大石久和
2487 カラー版 ふしぎな県境 西村まさゆき
1810 日本の庭園 進士五十八
2511 外国人が見た日本 内田宗治
1909 ル・コルビュジエを見る 越後島研一
246 マグレブ紀行 川田順造
1009 トルコのもう一つの顔 小島剛一
2169 ブルーノ・タウト 田中辰明
2032 ハプスブルク三都物語 河野純一
2183 アイルランド紀行 栩木伸明
1670 ドイツ 町から町へ 池内 紀
1742 ひとり旅は楽し 池内 紀
2023 東京ひとり散歩 池内 紀
2118 今夜もひとり居酒屋 池内 紀
2326 旅の流儀 玉村豊男
2331 カラー版 廃線紀行—もうひとつの鉄道旅 梯 久美子
2290 酒場詩人の流儀 吉田 類
2472 酒は人の上に人を造らず 吉田 類

地域・文化・紀行

t2

- 560 文化人類学入門（増補改訂版） 祖父江孝男
- 2315 南方熊楠《みなかたくまぐす》 唐澤太輔
- 2367 食の人類史 佐藤洋一郎
- 92 肉食の思想 鯖田豊之
- 2129 カラー版 地図と愉しむ東京歴史散歩 竹内正浩
- 2170 カラー版 地図と愉しむ東京歴史散歩 都心の謎篇 竹内正浩
- 2227 カラー版 地図と愉しむ東京歴史散歩 地形篇 竹内正浩
- 2346 カラー版 地図と愉しむ東京歴史散歩 お屋敷のすべて篇 竹内正浩
- 2403 カラー版 地図と愉しむ東京歴史散歩 地下の秘密篇 竹内正浩
- 2335 カラー版 東京鉄道遺産100選 内田宗治
- 2012 カラー版 マチュピチュ―天空の聖殿 高野 潤
- 2327 カラー版 イースター島を行く 野村哲也
- 2092 カラー版 パタゴニアを行く 野村哲也
- 2182 カラー版 世界の四大花園を行く 野村哲也
- 2444 カラー版 最後の辺境 水越 武

- 1869 カラー版 将棋駒の世界 増山雅人
- 2117 物語 食の文化 北岡正三郎
- 596 茶の世界史（改版） 角山 栄
- 1930 ジャガイモの世界史 伊藤章治
- 2088 チョコレートの世界史 武田尚子
- 2438 ミルクと日本人 武田尚子
- 2361 トウガラシの世界史 山本紀夫
- 2229 真珠の世界史 山田篤美
- 1095 コーヒーが廻り世界史が廻る 臼井隆一郎
- 1974 毒と薬の世界史 船山信次
- 2391 競馬の世界史 本村凌二
- 650 風景学入門 中村良夫
- 2344 水中考古学 井上たかひこ

中公新書 既刊より

1706 ふしぎの植物学　田中修著
1930 ジャガイモの世界史　伊藤章治著
2117 物語 食の文化　北岡正三郎著
2174 植物はすごい　田中修著
2361 トウガラシの世界史　山本紀夫著
2408 醤油・味噌・酢はすごい　小泉武夫著
2491 植物のひみつ　田中修著

日本の品種はすごい

中公新書 2572

9784121025722

1921245009001

ISBN978-4-12-102572-2

C1245 ¥900E

定価 本体900円+税

日本の品種はすごい

中公新書 2572